エネルギー使いの主人公になる 2

電気のレシピ

電気を知って電気をつくる

田路和幸／早川昌子

【もし電気がなかったら……】・・・早川昌子

以前にも増して頻繁におこるようになった大災害。2024年元旦、能登半島地震が起こり、日本のどこに住んでいても災害と隣り合わせの生活がますます強く意識されるようになりました。被災された方々のことを思うと心が痛みます。私自身、12年間ほど仙台に暮らし、2011年3月11日は、宮城県内の夫の実家で生後9ヶ月の長男と震災を経験しました。東京出張中だった夫とは、地震の直後にスマートフォンのメールで連絡をとりあい、お互いに無事であることは確認できました。実家のある福岡県で暮らす親や親せき、友人をはじめ、関東や関西の元同僚や友人知人からもメールが次々に来て、無事を返信しました。そして、勇気づけられました。

しかし、何時間かすると充電が切れ、誰とも連絡をとりあうことができなくなり、情報を入手する手段もなくなりました。当然、相手はこちらを心配し、こちらも、無事を伝えられず、その後の見通しもたてられない状況が続きました。結局、2日後に夫が宮城に戻ってから、充電できたのですが、それは自動車のエンジンをかけて、シガーソケットにケーブルを差し込んで充電するというものでした。当時、私はその方法すら知りませんでした。

スマートフォンは、代替えがきかないツールだと実感すると同時に、電気の備えの必要性を強く感じました。いくら備えていても、いざという時に使えないと意味がありません。そのため、非常時のみの手段としてではなく、普段からスムーズに使えることも重要です。暮らしの延長線上に、”いざという時”のことを考えておく必要があるでしょう。

さらに、福島第一原子力発電所の爆発をきっかけに、私たちの生活を支える電気をつくること、そして原子力発電のことや、日常の電気の使い方についても考えるようになり、再生可能なエネルギー源の太陽光発電にも興味がわいてきました。そして、これまでの日常では壁などのコンセントからの電気を、何も考えずに使っていたことについて、改めて気づかされました。日ごろあるのが当たり前で意識せずに電気を使っている限り、突然の停電時に何もできないのは当然です。

例えば食料だったら、私たちは普段から、消費期限、保存方法、味、量などを意識して買っているので、経験値が蓄積されていて多かれ少なかれ備蓄の判断材料を持っています。

その一方で電化製品を使う時は、コンセントにプラグをさすだけで使えるので、電気についての知識がなくても、困ることはほとんどありません。これは言い換えれば、電気に関する経験の蓄積がなく、判断材料を持っていないということではないでしょうか。

防災パンフレットを見ると、飲食物については備蓄量の目安が示されていますし、もともと持っている経験値から、予算に応じた納得のいく備えができます。また、備えたという手ごたえも得られるでしょう。

では、電気についてはどうでしょう。一般的に、防災パンフレットなどで見かける電気関連の情報のほとんどは、懐中電灯やスマートフォン充電用のモバイルバッテリー、手回しラジオなどのアイテム紹介です。電気の基本的なことまでは説明されていません。ですから、それらがどれくらいの電力を使用するのか、ためられるのか、出力できるのかわからないままに「とりあえず買っておくか……」となりそうです。それでも問題ないのかもしれませんが、少しの知識があれば、よりお得でより納得のいく備えができるとしたらどうでしょう。

また、インターネットで「防災」を検索すると、蓄電池（バッテリー）の仕様や商品比較の情報は豊富にでてきます。しかし蓄電池があれば電気が使えるかというと、そうではありません。そこに記された「○W」や「○Wh」といった表示をみて、その蓄電池に対して自分が持っている電化製品のどれが使えて、どれが使えないのか判断しなければならないのです。これらは電気の基本的な知識があることが前提の情報がほとんどです。

そこで次に「電気」を検索してみると、必ずといっていいほど、単位や式や回路図がでてきて、暮らしで使う電気のことを知る入口としては入りにくいものです。資源エネルギー庁のウェブサイトには、暮らしで使う電気のことがわかりやすく解説されていますが、「省エネ」が目的の豊富なコンテンツの中から「電気の備え」に応用できる情報を取捨選択するには、少し時間がかかりそうです。

NHK が実施した「災害に関する意識調査」（2019 年 9 ～ 10 月実施）によると、「災害に対する備えを準備していますか?」という質問に対し、「何もしていない」と回答した人はわずか 6.7%で、9 割以上の人が何らかの防災対策を行っているといえそうです。

では、どんな備えをしているのでしょうか?

上位5つをみてみると、1位：懐中電灯 84.4%、2位：乾電池や充電器 55.0%、3位：携帯ラジオ 51.5%、4位：非常用食料・飲料水 44.7%、5位：避難場所の確認 41.7%となっています。一方、「あなたは、大きな災害が発生した場合の情報の入手について、どんなことが心配ですか?」という質問に対して、83.8%が「停電や充電切れで情報が入手できないこと」と回答しています。この調査からは、防災を考える上で照明と情報収集については多くの人が個人的に取り組んでいますが、電気を確保する手段そのものについては手を打てずに不安があることが伺えます。

ここで必要なのは、電気の基本的な知識と、電気の備えを検討するための判断材料ではないでしょうか。さらに進めて、「もし、電気がなかったら……」といった不安を、「もし、電気をつくれたら!」という思考に変えるのはどうでしょう。

今は個人で電気をつくることができる時代です。少しの知識と実行力があれば、スマートフォンの充電くらいは、小さな太陽光発電パネルを使ってベランダや庭先でできるのです。**〝小さな再生可能エネルギー〟を身近に取り入れるライフスタイルは災害時の備えにもなり、ひとりひとりがこういったエネルギー自給の備えを持つことが発電所からの電力供給を減らすことにつながって、ゆくゆくは持続可能な社会の実現へつながる**でしょう。

電気のことを知って経験を増やしながら効率よく使う暮らし方について、一緒に考えてみませんか?

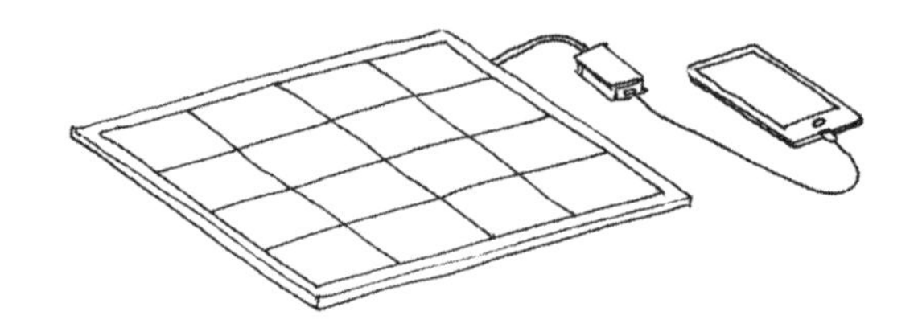

目　次

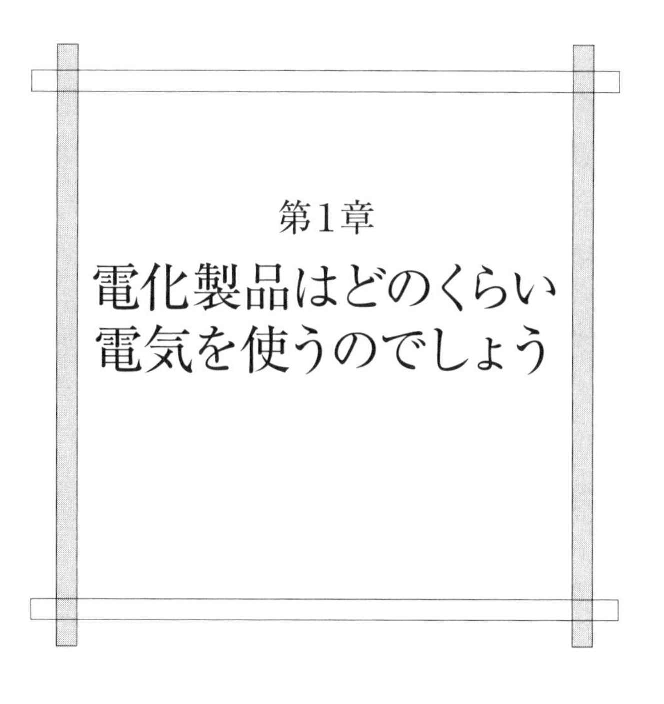

第1章

電化製品はどのくらい電気を使うのでしょう

毎日、使っている電気。災害が起こったときに、情報を得るためにも早々に必要となってくるものです。しかし、その使い方を私たちが意識するのは停電したときくらいではないでしょうか。

普段、電化製品を使いたいと思ったら、コンセントに電源プラグを差し込むだけで、どの電化製品もトラブルなく使うことができます。電気のことをよく知らなくても、暮らしの中で困ることはありません。

停電して、照明や冷蔵庫などの電化製品が使えなくなった時、初めて、電気の存在を意識します。また、自宅のコンセントまで送られてきている電気が、個人ではどうすることもできない大きな電力システムの一部であり、停電したらなすすべ

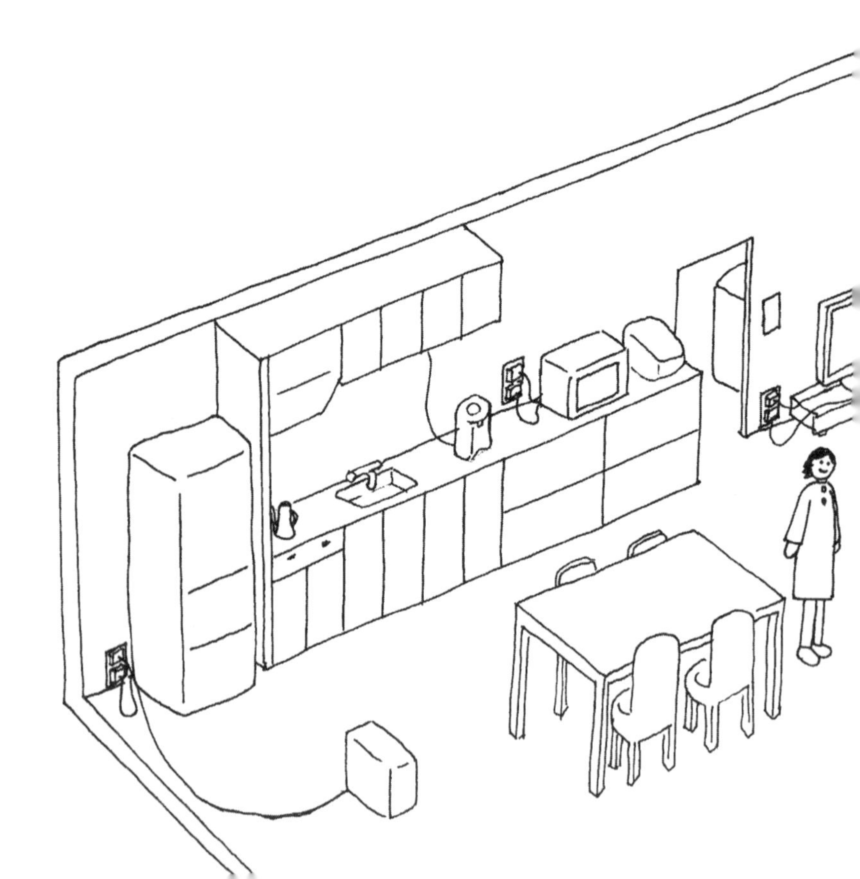

が無いことを思い知らされます。与えられたものをただ使うのは楽ですが、それでは、いざというときに生活を守る選択肢は広がりません。しかし、電気の知識を少しでも持っていると、省エネはもちろん、防災にもつながります。

そこで、この本では水先案内人として環境NPOで活動していて、電気のことに詳しいA子さんに登場してもらい、生活の中の電気について意識しはじめたQ子さんに解説してもらいます。

Q子さんは、夫と子ども二人の4人家族です。停電時の不安を解消するために、まず電気のことを知ろうと、A子さんを自宅に招いてアドバイスをもらうことにしました。

電気をどのくらい買っているの？

Q 子さん：今日は、電気のことを色々教えてね。私、理科は得意ではなかったし……。

A 子さん：じゃあ、**毎月電力会社から届く「料金のお知らせ」の読み方**から始めましょうか。

Q 子さん：え？　請求金額くらいしか見てないわ。

A 子さん：そうよね。でも、それだけじゃなくて、あの“お知らせ”にはほかにも読み取れることがあるの。電気料金、つまりどれくらいの電気を買っているのかみてみましょうか。

電気の流れは目に見えません。このことが、私たちが普段の生活で、電気の使い方を意識しにくくしている理由の一つなのかもしれません。そこで、電気の量をイメージすることから始めてみたいと思います。

電気の量のことを電力量といい、単位はkWh（キロワット時）やWh（ワット時）で表します。1kWh=1000Whです。電力量は、電気料金の計算基準に使われ、「料金のお知らせ」でも「○kWh」と表示されています。

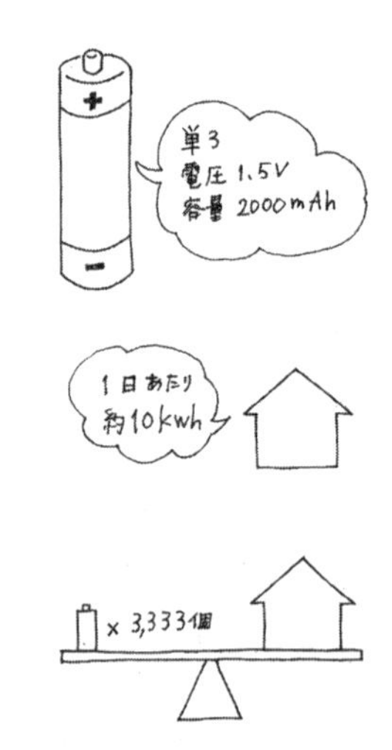

1世帯が使う1日あたりの消費電力量は単3乾電池の約 3,333 個分

一般的に、1世帯が使う1日あたりの消費電力量は、10kWhと言われていますが、この電力量を単3乾電池で賄う場合、何本に相当するか考えてみましょう。

市販の単3乾電池にためられている電力量は、おおむね数Wh程度です。そこで、単3乾電池の電力量を3Wh（電圧1.5V、容量2000mAh）と仮定します。すると、およそ3,333個になります[1]。

さらに、写真（17ページ）の「料金のお知らせ」に表示されている1月の使用料221kWhを単3乾電池で賄おうとすると、73666個の電池を買わなくてはいけません[2]。では、その費用はどのくらいでしょう。市販の単3乾電池1個は50～100円くらいなので、仮に80円とした場合、約589万円分（80円×73666個）です。「ご請求金額6,976円」と比べると随分と高額です。電力会社から買う電気は、乾電池にためられた電気と比べたら、とても安いとも言えます。

Ｑ子さん：電気の量と値段を考えるだけでも、おもしろいわね。電気のことが、少しだけ、イメージできるようになってきたかも。

Ａ子さん：電気のことを知るにあたって、これだけは覚えておきたい単位があるの。一つは、さっきの電気の量を表す電力量（Wh、kWh）。ほかにも３つ。

Ｑ子さん：単位かぁ。ちょっと難しそう。そういうものが、近寄り難くさせるのよね。

Ａ子さん：じゃあ、電気を水鉄砲から出てくる水に例えてみましょうか。

先ほどは、電気の量をイメージしてみました。次は、電気の勢いをイメージしてみたいと思います。

電気についての説明では、よく水が例えに使われます。水鉄砲をイメージして

[1]1.5V × 2Ah ＝ 3Wh　　10kWh ÷ 3Wh ＝ 10000Wh ÷ 3Wh ＝ 3333.33……個
[2]221000Wh ÷ 3Wh ＝ 73666 個

みましょう。水を押し出すためのピストンを押す力が電圧（単位はV、読み方はボルト）で、水鉄砲から出る水が電流（単位はA、読み方はアンペア）です。さらに、水鉄砲から出る水を水車にあてる場面をイメージします。当たる水が少しの場合は水車は回りませんし、水が多すぎると勢いに押されて水車は倒れてしまいます。水車は、電化製品に置き換えることができます。そして、電化製品ごとに適度な水の勢いが決まっていて、それが**電力（単位はW、読み方はワット）**です。乾電池や蓄電池も、商品の仕様によって出せる電力が異なります。**電圧（V）×電流（A）=電力（W）、電力（W）×時間（h）=電力量（Wh）**という関係です。

電気料金は、基本料金、電力量料金、再エネ発電促進賦課金、そして燃料調整額を合算したものです。

電力会社から毎月届く「料金のお知らせ」をみてみましょう。基本料金は、契約容量のアンペア数によって設定されています。東北電力の一般家庭向け料金プラン「従量電灯B」の場合、その契約アンペアは、10 ～ 60アンペアの間に設定され、基本料金は10アンペアあたり約370円ずつ加算されていきます（2023年

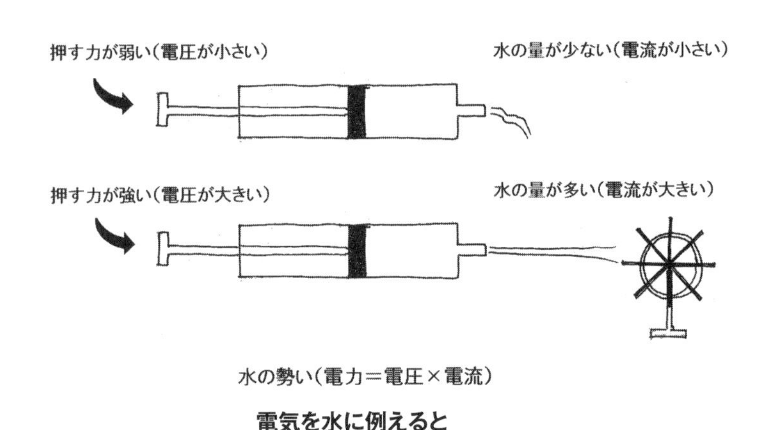

電気を水に例えると

1月時点）。

電力量料金は、使った電気の量で変わります。2023 年 1 月では最初の 120kWh までは1kWh 当たり約 18 円、120kWh をこえ 300kWh までは 1kWh 当たり約 25 円、300kWh をこえると約 29 円です。

そこで、従量電灯 B は同じでも、契約容量と電気使用量が異なる家庭では、次の表のように使用量が多いほど単価が上がります。

電気料金

	契約容量 20 アンペア 電気使用量 221kWh	契約容量 50 アンペア 電気使用量 300kWh
①　基本料金	660 円	1,650 円
②　電力量料金	4,787 円 93 銭	6,789 円
: 120kWh 以下	2,229 円 60 銭 （18 円 58 銭× 120kWh）	2,229 円 60 銭 （18 円 58 銭× 120kWh）
: 120kWh 超過分	2,558 円 33 銭 （25 円 33 銭× 101kWh）	4,559 円 40 銭 （25 円 33 銭× 180kWh）
1kWh あたり単価 （①＋②÷使用量）	約 24 円 （5,447 円 93 銭÷ 221kWh）	約 28 円 8,439 円÷ 300kWh

※ 2023 年 6 月分から値上げが実施され、基本料金は 20 アンペアで約 739 円 20 銭、50 アンペアで 1,848 円、電力量料金は 120kWh 以下で 1kWh につき 29 円 71 銭、120kWh 超過分で 300kWh まで 36 円 46 銭、300kWh をこえる分は 40 円 41 銭になります。

さらに、燃料調整費単価（3 円 47 銭）と再エネ発電促進賦課金単価（3 円 45 銭）を加算すると以下のとおりです。

燃料調整費と再エネ発電促進賦課金加算後の電気料金

	契約容量 20 アンペア 電気使用量 221kWh	契約容量 50 アンペア 電気使用量 300kWh
1kWh あたり単価	約 30 円	約 35 円

※燃料調整費は国の値引き措置により 2023 年 6 月分は 3 円 53 銭、7 月分は 10 円 02 銭、8 月分は 11 円 32 銭、それぞれ引かれました。

※再エネ発電促進賦課金は 2023 年 5 月分から 1 円 40 銭。

「燃料費調整額」は、燃料費調整制度により毎月自動的に調整されている「燃料費調整単価」に使用量を乗じて算出されています。燃料費調整制度は、外国から輸入している燃料（石油、液化天然ガス、石炭）の価格変動を電気料金に迅速に反映させるための制度です。ほかに「再エネ発電促進賦課金」という項目がありますが、これについては後でみてみましょう。

東北電力の電気料金のお知らせ

このブックレットの中では、4 人家族の家庭を想定し東北電力の料金（2023 年 1 月時点）にならい基本料金、電力量料金、再エネ発電促進賦課金、燃料調整額などを加味して、1kWh ＝ 35 円で換算していきます。

さて、1 ヶ月の電気使用量の総量だけでは、生活の場面でのどのくらい使っているのか実感がありません。そこで、電化製品ごとにどのくらい電気を使っているのかみていきましょう。

よりそうeねっと　より、そう、ちから。東北電力

■ ご使用量のお知らせ　　2023年01月

2023年01月15日発行

検針月日	2023年01月14日
お客さま番号	
供給地点特定番号1	

●ご契約内容

ご契約名義	
ご使用場所	
ご契約種別	従量電灯Ｂ
ご契約容量	20A

■ご使用期間

	当月	昨年同月
ご使用期間	2022年12月13日～2023年01月13日（32日間）	2022年01月分（31日間）

■ご使用量

	当月	昨年同月
使用電力量合計	221kWh	249kWh

■ご請求予定額

	当月	昨年同月
ご請求予定額	6,976円	7,197円
請求方法	クレジットカードでお支払いいただきます。	
支払期日	2023年02月13日	

■検針結果

計量	計器番号	当月指示数	前月指示数（取付）	乗率（倍）	差引使用量	取替前使用量
計量	434	14333.7	14113.1	1	220.6	-

■適用単価のお知らせ

	1kWhにつき	
	1月分（当月）	2月分（翌月）
燃料費等調整単価	3円47銭	-3円53銭
再エネ発電賦課金単価	3円45銭	3円45銭

東北電力の電気料金のお知らせ

電化製品の電気代はいくら？

Q 子さん：単位や式はすぐに覚えられそうにないわ。

A 子さん：何度も使っていれば慣れるわよ。次は、電化製品ごとの電気の

消費量の推移をみてみるわよ。
Q 子さん：消費量の推移？ スイッチを入れたときにたくさん使うイメージだけど。
A 子さん：使用中の時間全体で考えてみましょうよ。電化製品ごとの消費電力（W）を、時間経過のグラフで表すと分かりやすいと思うの。
Q 子さん：よく分からないなぁ。

家の中だけでも様々な電化製品がありますが、電化製品ごとに使用目的や使用時間帯が異なり、当然、消費電力も異なります。そこで、縦軸を電化製品の消費電力（W）、横軸を時刻（時）に設定してグラフを作成し、1日の使用量をみます。まずは、台所からみていきましょう。

A 子さん：電子レンジは、どんな風に使っているの？
Q 子さん：たまにパウンドケーキやパンを焼くけれど、普段は、朝昼夜の食事の時（午前 7 時、12 時、午後 6 時）におかずを温めるために**5 分**くらい使うかしら。
A 子さん：とすると 1 日のグラフは、こんな感じね。

電化製品はそれぞれの仕様によって消費電力が変わるため、各仕様と共に説明します。

① 電子レンジの場合

まず、台所で使う電子レンジ。

Q子さんの家では庫内容量22L、定格消費電力はレンジやオーブンとして使うとき1300Wのものです。

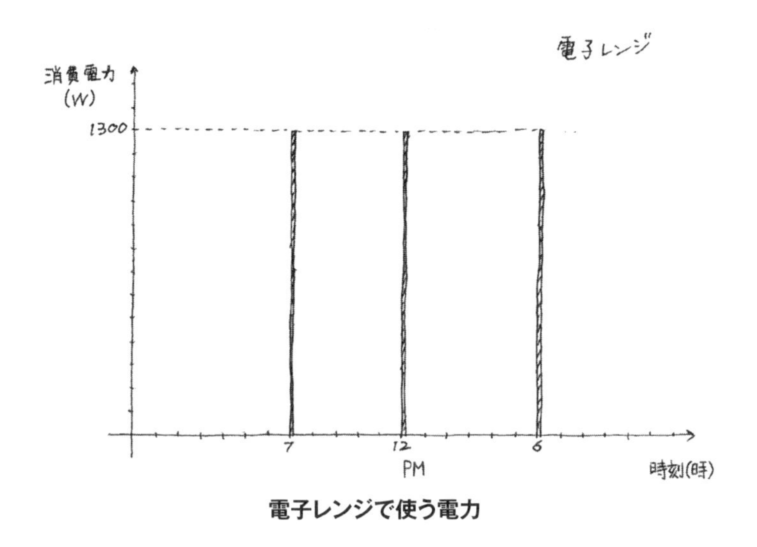

電子レンジで使う電力

このようにグラフ化することから、電気の1日の使い方を見ることができます。電子レンジの消費電力量は、1300W×**5/60分**（0.083時間）×3回で323.7Whと計算できます。

Q 子さん：使う電力量は意外と少ないのね。

A 子さん：使う時間が短いからよね。

Q 子さん：パウンドケーキを焼く時は、焼き時間が **40 分**くらいだから消費する電力量は多そうね。

A 子さん:そうね。電力（W）×時間（h）＝電力量（Wh）の関係式を使って計算すると、1300W × **40/60 分**（0.66 時間）で消費電力量は約 870Wh よ。

② ＩＨ炊飯器の場合

では、毎日のように使う家庭も多い炊飯器はどうでしょうか。

Q子さんの場合は、毎朝7時に炊き上がるようにタイマーをセットして、そのあとは夜8時までの**13時間**、保温して使っています。使っている炊飯器は5.5合炊き。仕様によると、「炊飯時は1,000Wで**45分**、保温時は30W」となっています。電子レンジの場合と同様に計算してみると、消費電力量は

炊飯時：1,000W×**45/60分**（0.75h）=750Wh

保温時：30W×**13h**=390Wh

となり、グラフは次のようになります。

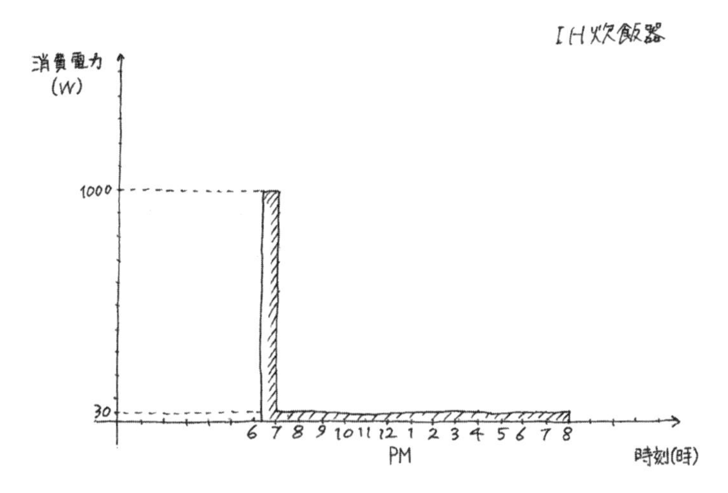

炊飯器で使う電力

A子さん：保温で400Wh近くの電気を使うのなら、例えば電子レンジで3分温めた方が、消費電力量は少なくてすみそうよ。その分、電

気代もうくし。
Ｑ子さん：そっかぁ。じゃあ、炊飯器で保温する時の電気はムダってこと?

電子レンジを**3分**間使う場合の消費電力量は、1300W×**3**/**60h**で65Whとなります。これに比べて炊飯器で13時間の保温に使う消費電力量は390Whなので、電子レンジで温める方が約300Wh[3]少なくてすみます。こうして1ヶ月間炊飯器の保温をやめて、レンジで夜にご飯を温めるとすると、電気料金に換算すると、およそ340円[4]です。

湯沸かしポット（2リットル）も、朝起きたら電源をつないで保温し、寝る時に外すような使い方をするとIH炊飯器のグラフと同じような形になります。保温機能は便利なものですが、使っていない間の電気はもったいないですね。

③　冷蔵庫の場合

では、大型の家庭電化製品である冷蔵庫ではどうでしょう。大きい電化製品ほど多くの電気を使いそうです。

Ｑ子さん：冷蔵庫は１日中電気を使っているし、ポットのように、使うときだけ電気を入れるというわけにはいかないし。うちのは、容量465リットルの６ドア。消費電気量を知るのがこわいみたい。どれだけ使っているのかしら。
Ａ子さん：冷蔵庫の表示には、これまでとは逆に、定格消費電力ではなくて１年間の消費電力量が「490kWh/年」と表示されているから、１日の消費電力量は、およそ1,300Wh[5]となって、消費電力は、

[3] 390Wh-65Wh＝325Wh
[4]325Wh × 30 日＝9750W　　9.75kW × 35 円＝341.25 円
[5]490kWh ÷ 365 日＝1342.47Wh

平均で 56W[6] くらいかな。かなりおおざっぱだけど、グラフはこんな感じ。

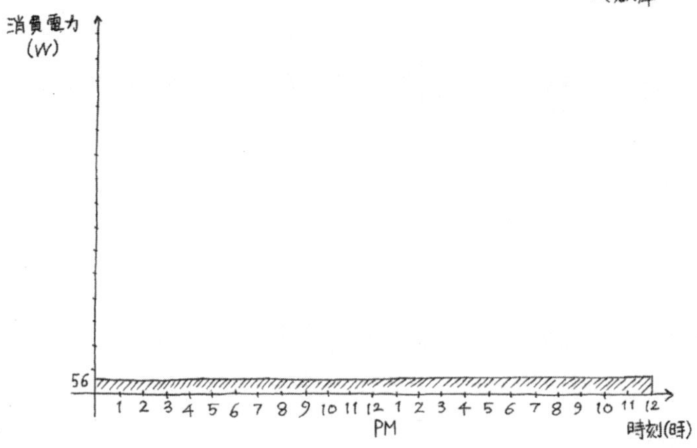

冷蔵庫で使う電力

実際はグラフのように一定ではなく、56Wはあくまで平均です。というのも、例えば、冷蔵庫に「電動機の定格消費電力132W、電熱装置の定格消費電力160W」と表示されていたら、変則的に160Wになるということです。ここに書いてある「電熱装置」とは霜取り運転の時に使用するもので、電動機と電熱装置が同時に動くことはありません。そのため、表示には「通常の消費電力は132Wですが、霜取り運転時には160Wになります」とあります。また、夏と冬では、消費電力は異なります。エアコンも、気温によって消費電力は上下します。一般的に冷蔵庫では夏の方が消費電力は大きくなり、エアコンでは冬の方が消費電力は大きくなります。

[6]1342Wh ÷ 24h=56W

Ｑ子さん：冷蔵庫って、意外と電気が必要なのね。

Ａ子さん：24 時間動いているからね。でも、最近の冷蔵庫は省エネが進んでいて、10 年前のモデルと比べたら、消費電力量は半分くらいになっていると思うわ。

Ｑ子さん：そうなのね。

Ａ子さん：電気代がういた分で、新しい冷蔵庫に買い替えを検討したいけれど、１～２万円くらいういたとしても買えないわよね。

1年を通して、消費電力量が一番大きいのは冷蔵庫です。次に照明器具、テレビ、エアコンと続きます。省エネするには、消費電力量の大きいものから使い方を改めると効果的です。例えば、冷蔵庫にものを詰め込んだ場合と半分にした場合とでは、1年間で43.84kWh[7]の省エネになります。これは、1kWhの電気代が35円とすると1,534円の節約になるのです。

居間の電化製品を買い換えるとしたら

④ テレビの場合

さて、台所はこれくらいにして、居間へ移ってみます。まず、目に入るのは大きなテレビ。Q子さんの家のテレビは、32 V型（インチ）の液晶テレビで、仕様は「消費電力70W」になっています。

[7] 経済産業省資源エネルギー庁「省エネポータルサイト」2021 年 4 月確認時点

Q 子さん：テレビは朝、出勤する前と、夕方、帰宅したらつけて観るけれど、ご飯を食べる間は消してる。家にいる日も、日中はつけないわ。

A 子さん：とすると、1 日約 **6 時間**使うとして、消費電力量のグラフはこんな感じかな。テレビが使う電力量は 70W **× 6h** で 420Wh ね。

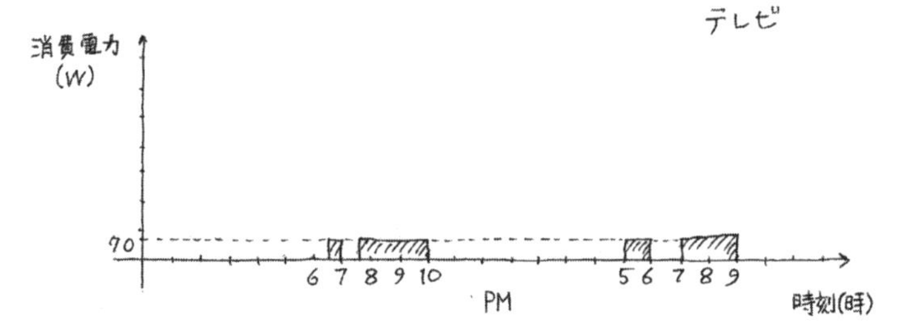

テレビで使う電力

Q 子さん：テレビって大きいからもっと使うかと思っていたけれど、消費電力は、案外小さいのね。

A 子さん：テレビも、省エネ化が進んでいる電化製品の一つよ。

Q 子さん：へー、どれくらい進んでいるの?

A 子さん：液晶テレビの最近のモデルは、10 年前のモデルよりも消費電力が3割くらい小さいわ。プラズマテレビと液晶テレビを比べると、液晶テレビの方が省エネよ。

数万円の電化製品の場合、新しく買い替えた方が省エネにもなり、電気料金も安くなります。例えば、15年前に購入した280Wのプラズマテレビを70Wの液晶テレビに買い替えるとしたらどうでしょう。テレビの1日の平均使用時間が**6時間**とすると、1日の消費電力量は1680Wh（280W×**6h**）、電気料金に換算したら約59円（35円×1.68kWh）です。1年間では21,535円（59円×365日）となり、2年くらいでテレビ代のもとがとれそうです。

⑤ 照明の場合

では、照明器具はどうでしょう。印象では、そんなに多くないようですが。

Ａ子さん：実は、消費電力を調べようとするときに、案外面倒なのが照明。なぜかと言うと、卓上ランプは手が届くけれど、天井だと椅子を持ち出してカバーを外す必要があるのよね。それから、照明器具って部屋ごとにあって数が多いからね。それで、１日の使い方はどんな感じ?

Ｑ子さん：ダイニングとリビングはたいてい、休日の朝は 10 時くらいまでつけているわ。他の部屋の照明は、えーと……。

Ａ子さん:照明は、それぞれを一つのグラフに積み上げてみると分かりやすいわ。

Ａ子さんの自宅の照明器具の電力を調べると、次のようになっています。

Ｑ子さん：洗面所の照明は 45W でダイニングは 18W。W 数が多い方が明るいから、洗面所の方が明るくなるんじゃないの?　ダイニングの方がはるかに明るいのはどうしてかしら?

Ａ子さん：ダイニングはLED照明でしょ?　LED照明は、白熱灯や蛍光灯よ

りもはるかに少ない消費電力で、同等の明るさになるからよ。白熱灯はＷ数が多いほど明るかったから「何Ｗか」が気になったけれど、LED照明が出てきて、明るさは光の量で表すようになったの。その単位はlm（ルーメン）を使うの。

Ｑ子さん：そうなのね。夫が数年前に、LEDに交換できる照明は換えたの。その時は、インターネットでどれが明るいか、経済的かって調べていたわ。

各照明器具のＷ数

ダイニング（ＬＥＤ）	18W
居間（ＬＥＤ）	20W
洗面所（白熱灯）	45W
お風呂（ＬＥＤ）	10W
玄関（蛍光灯）	50W
書斎（ＬＥＤ）	15W

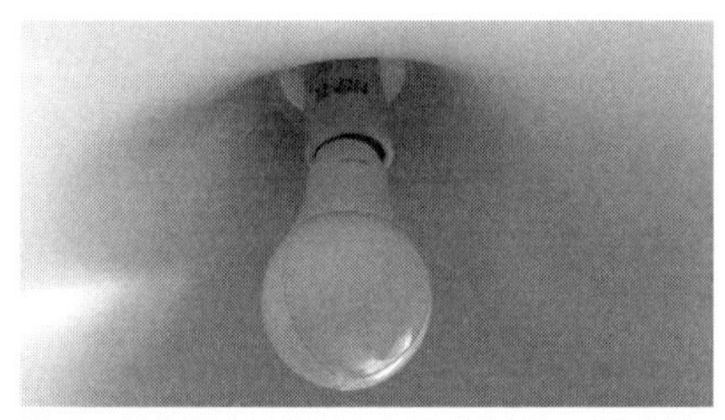

照明の消費電力は器具から電球を外して電球側の表示を確認します。

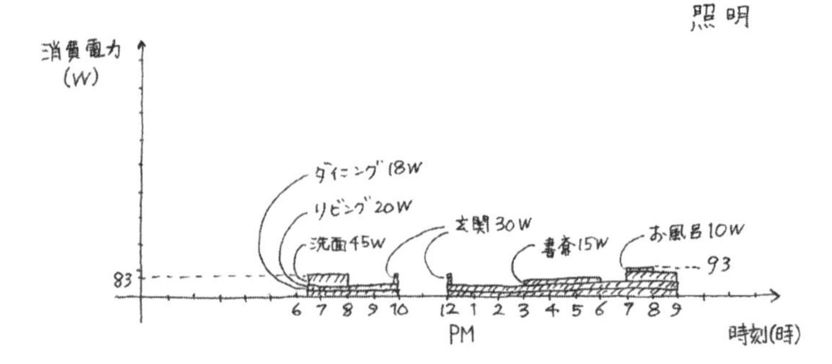

照明で使う電力

蛍光灯に比べるとLED照明の方が価格は高いものの明るく、消費電力は少なくて済み、寿命は一般的に4万時間以上と長寿命なので、買い替え頻度も少なくて済みます。

例えば、ダイニングで使っている54W（18W×3本）の蛍光灯を18W（6W×3本）のLED照明に交換したことで、1時間あたり36Whの消費電力量削減になります。1日10時間使うとすると、1日で360Whの消費電力量削減になり、これで12.6円[8]の電気料金を減らせます。LED照明3本の価格3,000円を1日の節約分の12.6円で割ると238日分となり、1年以内に代金は回収でき、LED照明の代金を回収した後は電気料金削減になります。

蛍光灯をLED照明に替える際に、器具ごと替えられない場合は取付け器具側のタイプ（グロースタータ式など3タイプ）を間違えないこと、LED照明の電極部分を触らないことなど注意しましょう。

⑥ その他の機器の電気使用量

Q子さんやA子さんのように、家の中の電化製品の消費電力と使う時間を一つ一つ調べて、グラフ化して積み上げていくことで、電気を勢いよく使う（大きな電力を使う）時間帯が見えてきます。１ヶ月間に使う電気の総量だけではなく、いつ、どのくらい使っているのかが分かります。

[8]　360Wh × 35 円÷ 1000

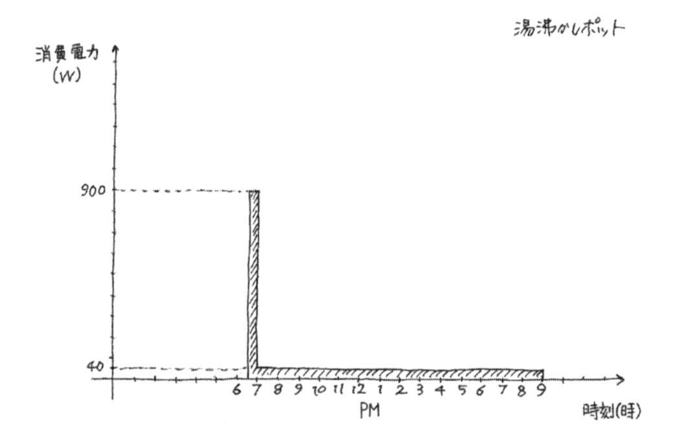

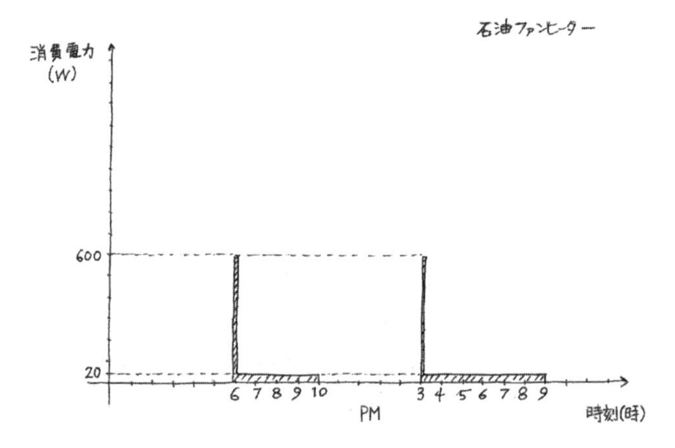

（上から）湯沸かしポットで使う電力、石油ファンヒーターで使う電力、

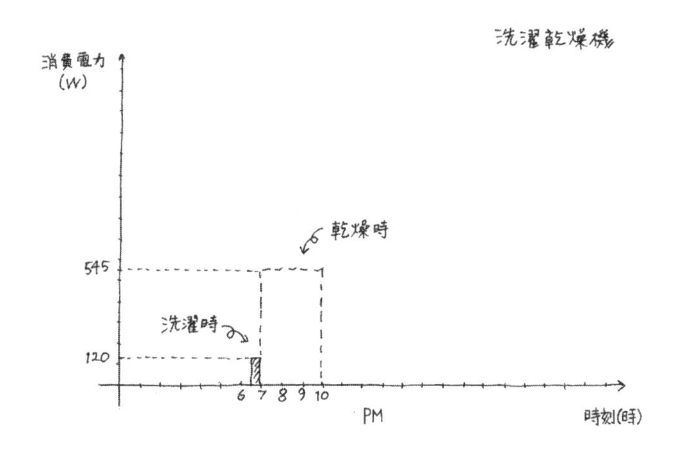

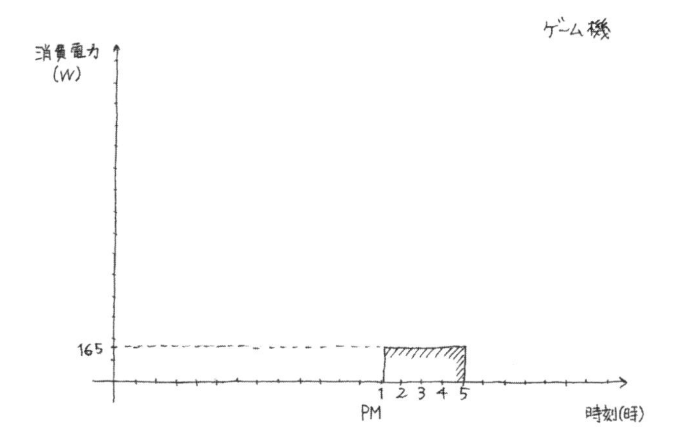

（上から）洗濯乾燥機で使う電力、ゲーム機で使う電力

第2章

暮らしで使う電気の量を知る

主な電化製品ごとの電気の使い方がわかったところで、自分で考え、工夫する電気の使い方について考えてみたいと思います。そのために、家全体で使う電気を把握しましょう。

A 子さん：さて、次は、アンペアチェックをしてみましょうか。

Q 子さん：何?

A 子さん：朝の 7 時って、たくさんの電気を使っているわよね。7 時ごろの電力（W）を減らすことができれば、電気料金が下がる可能性があるわよ。

Q 子さん：え?

消費電力が一番大きくなる時間帯の電力を「ピーク電力」と呼び、電力会社と各家庭との電気の契約は、ピーク電力になる時の電流（アンペア数）を目安にしています。

「電気料金のお知らせ」に、「契約種別・容量　従量電灯 B 30 アンペア」と表示されている場合、電流が 30A より多く流れたらブレーカーが落ちてしまいます。ですから契約容量は、最も電気を使うピーク時の電流が、20 〜 30A であれば「30 アンペア」、15 〜 20A であれば「20 アンペア」にします。契約容量が 10 アンペア下がると基本料金は下がるので、ピーク時の電流のアンペア数の計算の結果がもし今の契約容量よりも少なければ、契約容量を下げることができ電気料金が下がるのです。

では、ピーク時の電流は、どうしたらわかるのでしょうか。これまで、電力と電力量をみてきましたが、電流は電力から算出できます。ここで、Q 子さんの場合を例に具体的に計算してみましょう。

最小消費電力量「ベース」を測る

①　ピーク電力を計算する

1日のうちで、一番多くの電化製品を使っている時間帯がピーク電力の時間です。多くの家庭では、朝ご飯か夕飯の時間帯になるでしょう。ピーク電力の時に使う可能性のある電化製品の消費電力（W）を確認し、全て足します。

例えば、冬の日の朝７時ごろで考えてみます。

各電化製品電消費電力

電子レンジ	1300W
ＩＨ炊飯器	1000W
冷蔵庫	54W（1,342Wh ÷ 24h）
テレビ	70W
照明	83W（18W ＋ 20W ＋ 45W）
湯沸かしポット	900W
石油ファンヒーター	20W
合計	3427W

②　ピーク電力を 100 で割って電流を計算する

家庭のコンセントからの電気は、一律交流 100V なので、電圧（V）×電流（A）=電力（W）の式を使って電流（A）を計算すると、3427W ÷ 100V = 34.27A となります。

よって、適正な契約容量は「40 アンペア」になりますが、実は、電化製品の使い方を変えることで、さらに「30 アンペア」まで下げられる可能性があります。

さらに、みてみましょう。

A 子さん：計算してみると、ピーク時の電流が 35A 弱。今までブレーカーが落ちたことがないということは、電気容量が「40 アンペア」かそれ以上の契約になっているからよ。もし「50 アンペア」であれば、「40 アンペア」に下げられるし、さらに、電化製品の使い方を変えれば「30 アンペア」に下げられるかもしれないの。

Q 子さん：え？　どういうこと？

A 子さん：例えば、1000W の炊飯器の炊き上がる時刻を 7 時じゃなくて、もっと早めれば「30 アンペア」に変更できると思うわ。10 アンペア下がれば 1 ケ月の基本料金はおよそ 370 円下がるわよ。

Q 子さん：炊飯器の炊き上がり時刻を早めるだけで !?

Q 子さんの場合、炊飯器の 7 時の消費電力は 1000W です。例えば、炊き上がりを 6 時 45 分にセットすると、7 時の消費電力は保温モードの 30W になるので 970W も減ります。家全体としてはさきほど計算した 3427W から 970W を引くことで、2457W になり、電流は 24.57A[1] となり、契約容量の目安は 30 アンペアになります。

このように、**消費電力量（電気の量）を減らす方法ではなく、使う時間をずらしてピーク時の消費電力（電気の勢い）を抑えることでも省エネになり、電気料金が下がる可能性**があります。電化製品を使う時、電力のことを意識して使い方を工夫することもできるのです。まるで、通勤時間帯に通勤時間をずらして、電車の乗客を分散させ混雑を緩和させるようですね。

[1]（2457W ÷ 100V）

家全体のピーク時の電流を予測し、適正なアンペア数を確認するアンペアチェックは、少しの知識と手間でできます。電力会社のウェブサイトにもアンペアチェックの方法が紹介されています。小学生のお子さんがいるご家庭では、一緒に調べることで、学習にもなって楽しめるのではないでしょうか。

待機電力を知る

ここで、もう一つ、暮らしで使う電気を知ることのできるグラフをご紹介します。ある家庭の、日別の時間ごとの消費電力量のグラフです。国の施策により、電力各社が電気使用量を通信機能を使って送信するスマートメーターへの交換を進めています。例えば、東北電力エリアでは、スマートメーターに交換されている家庭が**「よりそうｅねっと」に登録**すると、使用量の推移のグラフを見ることができます。最近は、多様な企業が電気を販売するようになり、**インターネット上で１日の使用量のグラフを見ることも可能**になっています。

消費電力量は、実は家に誰もいないときでも0kWhになることはありません。家庭によりますが、冷蔵庫、テレビ（の待機電力）、浴室の換気扇、金魚の水槽の浄化装置、時計、エアコンや調理器具のタイマーなどが動いていることでしょう。

この消費電力量の底になっているベースについては、時間ごとの消費電力量のグラフを見るとさらによくわかります。８月のある家庭のグラフをみてみましょう。実線は８月６日（週末･在宅）、破線は7日（平日･日中不在）、点線は15日（お盆休み･終日不在）で、7日のベースは0.2kWh（200Wh）、15日のベースは0.1kWh（100Wh）くらいだとわかります。

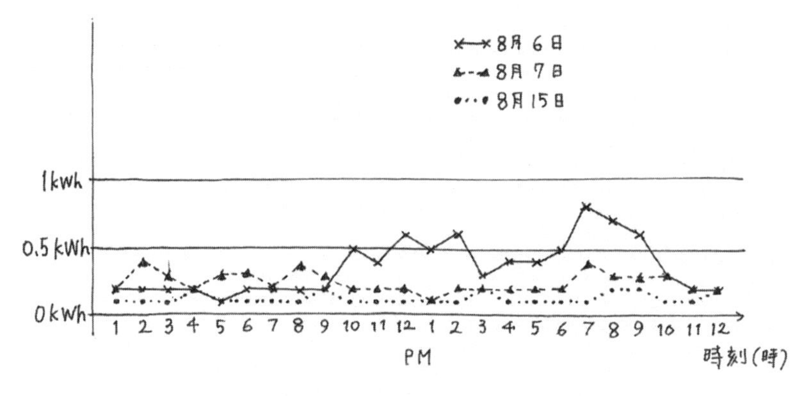

消費電力とベース電力のグラフ

また、ベースには、意識しないまま使われている「待機電力」も含まれるでしょう。

エアコンやテレビの本体は、スイッチが入っていないときもリモコンの信号を監視しているため、電気を消費しています。このとき消費されるのが待機電力で、**一世帯あたりの待機電力量は年間285kWh[2]電気料金に換算すると9,975円[3]です。使わない間は主電源から切るなどの工夫で節約**できます。

[2] 経済産業省資源エネルギー庁「平成20年度　待機時消費電力調査報告書」より
[3] 285kWh × 35円/kWh ＝ 9,975円

1kWhでできること

さて、ここまでは使った電気の量や勢いについて見てきましたが、次は電気の量によって、どれくらいのことができるか考えてみたいと思います。

例えば、テレビは1kWh（1000Wh）の電力量で、何時間使えるでしょうか。

Q子さんのテレビを例に計算してみると、消費電力70Wのテレビなので、約14時間となります。計算は次のようになります。

1000Wh（1kWh）÷70W＝14.28h＝約14時間

このようにして、ほかの電化製品も同じように、1000をその製品の仕様の消費電力で割ることで「1kWhで使える時間」がわかります。また、1kWhの電気料金を35円として換算すると、テレビは35円で14時間観ることができる、と考えることもできます。

1kWhで稼働できる時間の目安をグラフで示します。使う電気は、それぞれの機器の仕様によって異なるため、ここではQ子さんの電化製品で示します。

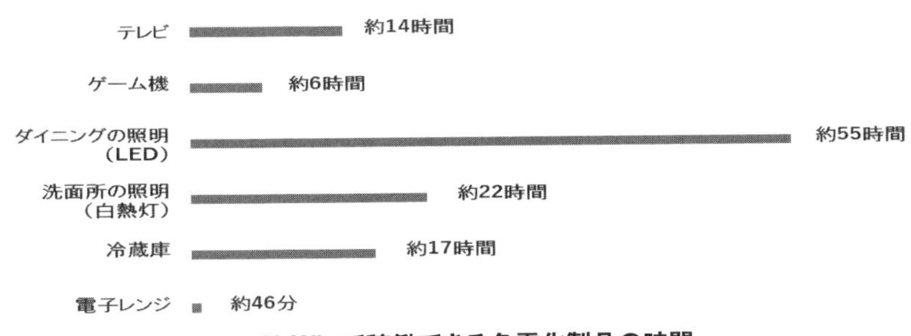

1kWhで稼働できる各電化製品の時間

電化製品の消費電力の例

・ゲーム機：消費電力 165W	(1000Wh ÷ 165W)
・ダイニングの照明（ＬＥＤ）：消費電力 18W	(1000Wh ÷ 18W)
・洗面所の照明（白熱灯）：消費電力 45W	(1000Wh ÷ 45W)
・冷蔵庫：消費電力 490kWh/ 年	(1000Wh ÷ 56W)
・電子レンジ：消費電力 1300W	(1000Wh ÷ 1300W = 0.769)

蓄電池を使う

家庭のコンセントにつないで使う場合の目安は、このようになります。では、停電の時などに、蓄電池（バッテリー）につないで使う場合はどうでしょうか。持ち運びが可能な、小型の蓄電池の場合は注意が必要です。例えば、容量 1kWh のポータブル蓄電池とつないでも全く使えないことがあります。というのも、蓄電池の仕様により、瞬間的に最大で出せる電力には上限があるので、例えバッテリーの容量が 1kWh あったとしても、使いたい電化製品の最大電力を出せない場合は、機器が動かないからです。

最初にA子さんが説明した、水鉄砲と水車の関係を思い出してみましょう。水を押し出す水鉄砲は、電気を押し出すポータブル蓄電池、水車は電化製品に置き換えられます。水車を回すためには、水にある程度の勢いが必要です。電力もこの水力と同じように考えることができます。

また、**電化製品の電源を入れた際、最初だけ大きな電流が流れることがあります。この電流は「突入電流**」と呼ばれます。突入電流が発生する理由はいくつかありますが、例えば、コンデンサを持つ機器の内部では、電源を入れた直後に、まずコンデンサを充電する必要があるため大きな電流が流れます。コンデンサは、電子回路の所々に組み込まれていて、受け取った電力をためたり放出したりする部品で、電子機器を正しく動作させるためには欠かせない大切なものです。

冷蔵庫の場合は、平均的な消費電力は大きくないものの、電源を切って、中の冷えがなくなってしまった後に再び電源を入れるときの突入電流は、ポータブル蓄電池の容量では賄えないことが多いので、特に注意が必要です。

いずれにしても、冷蔵庫くらいの電力以上になると、蓄電池とつないで使えるか否かは自分では判断しにくいので、使う蓄電池のカタログを信じるしかないでしょう。

電力のピークシフト

家庭での、1日の時間ごとの電気の使い方をみると、電力（W）も電力量（Wh）も大きく変化します。社会全体でも同様に、電力と電力量が極端に大きくなる時間帯があります。

電力会社の発電設備は、消費電力が一番大きなとき、つまりたくさんの人や会社、工場が電力を使うときの需要のピーク時にあわせて大規模に整備されているので、そのコストが電気料金に反映されています。最も使われる時間帯の電力を削減することをピークカット、電力が**最も使われる時間帯（特に多いのは夏の13〜16時）を避けて電力を使うことを、「ピークシフト」**といいます。

太陽光発電は、需要の多い夏の昼間に多くの電力を生み出すことができるためピークカットに役立ちます。蓄電池は電気料金が安く設定された時間帯などに電力をためておいて、日中はためた電力を使うことでピークシフトに役立ちます。

電力会社のウェブサイトには、「でんき予報」のページがあり、配電している地域全体での予想消費電力や供給力が日々更新されていて、ピークカットやピークシフトが呼びかけられています。

例えば、東北電力の1月の例をみてみましょう。9時から10時がピークになっています。おそらく、オフィスや店舗の照明やエアコンがついたり、工場の機械が動き出したり、一斉に様々な社会の活動が開始する時間帯だからだと考えられます。現在、日本の電源構成は8割が火力発電です。火力発電は化石燃料を使うので、温室効果ガスであるCO_2を排出します。ということは家庭の電気を工夫しながら使う人が増えることは、社会全体の省エネにも温暖化防止にもつながるでしょう。

東北6県・新潟エリアでんき予報　東北電力の例

		需要のピーク時	使用率のピーク時
1/13(水) 1月13日 7時57分 想定	使用率	92%	94%
	予想電力	1,340 万kW　(9時～10時)	1,304 万kW　(18時～19時)
	ピーク時供給力	1,461 万kW	1,381 万kW

また、2016年の電力自由化によって一般家庭への電力小売りも大手電力企業に限らなくなりました。「新電力」と呼ばれるさまざまな企業が電力事業を行っており、なかには1日の中での使用量の増減をネット上で確認できるところもあります。電気の情報に積極的にアクセスし、家庭全体の電気使用量を把握し、その時間に稼働している電化製品をA子さん方式でチェックしていくことも、家庭の省エネにつながるかもしれません。

小さな電気と大きな電気、どっちが大切？　田路和幸

小さな電気とは、スマートフォン、照明、パソコンを動かせる程度の電気、大きな電気とは、エアコン、IHヒータ、炊飯器などを動かせる電気とおおざっぱに分けてみました。東日本大震災の時に電気の重要性を感じましたが、そのとき、「小さな電気と大きな電気のどっちが大切」だったでしょうか。答えは、小さな電気です。震災の情報や安否確認にはスマートフォンは不可欠でした。ロウソクでは暗く、小さな電力で十分な光量の得られるLED照明の凄さに驚きました。これがきっかけとなって、LEDは全世界で急速に普及し、その後の青色LEDの開発がノーベル賞につながったのではと思います。

さて、大きな電気を必要とするエアコンの代わりは、震災時のがれきを燃やし、毛布で寒さをしのぎ、料理にもキャンプのように薪を使っていました。このように、災害時の状況から考えると「小さな電気は、近代科学技術によって初めてもたらされた電化製品を動かし、大きな電気は、人間の利便性を追求する家電を動かしている」といえます。このことから小さな電気をつくることが出来れば、災害時には安心安全でかつ最低限の環境を確保した生活が保障されると思います。

防災と温暖化対策に

東日本大震災による福島原子力発電所の事故によって、電力供給量が少なくなり、当時は、計画停電や極端な節電などで不便を感じたと思います。

このように現代の我々の社会では、電気は必要不可欠なものになっている事実を身に染みて感じましたが、あれから11年がたち、安定に電気が供給されるようになるとその実感も薄れてきているように思います。また、震災直後に原子力発電から再生可能エネルギーの転換を目指すような政策として打ち出された、再生可能エネルギー固定価格買取制度（フィードインタリフ:FIT）により日本全国で太陽光発電が設置されましたが、買取金額の低下に伴い太陽光発電の単年度当たりの導入数は激減しているようです。これは、「喉元過ぎれば、熱さを忘れる」「メリットがなければ投資はしない」「生活に余裕がない」とは、よくある考え方かもしれません。しかし、今一度、防災としての電気の確保のみならず、世界規模での地球温暖化という環境問題を解決するための手段の一つである再生可能エネルギーの普及によるCO_2削減目標に向かい、小さい努力を続けていかなければと考えます。

小さな電気をつくって使うことが日常的になれば、大きな電気も効率よく使うことができるようになると思います。多くの方が小さな電気をつくり使うようになれば、大きな地球温暖化対策になります。日本には、4,700万世帯が暮らしていますので、1家庭が100Whの電気をつくり使ったとすれば、すくなくとも470万kWhの電気をつくるのに必要なCO_2が削減されるのです。これは一例ですが、**多くの方が小さい努力をすることが、大量のCO_2削減になる**わけです。

第３章

電気の流れ方を比べてみると……

電気の使い方を自分で考えて工夫する上で、まず抑えておきたいことがあります。それは、電気の流れ方には直流と交流の2種類あるということです。乾電池にはプラス（+）極とマイナス（−）極があり、乾電池を使用するときはプラス極とマイナス極を間違えないようにセットしていると思います。一方、コンセントを使うときはどうでしょうか。プラス極とマイナス極を気にする方は、いないのではないでしょうか。これは、乾電池の電気は直流、コンセントの電気は交流だからです。

電気は、常にプラス極からマイナス極へ流れます。乾電池のようにプラス極とマイナス極が決まっていて、電気の流れる方向が変わらない電流を直流（DC）といいます。一方、コンセントからの電流にもプラス極とマイナス極があるのですが、プラス極とマイナス極が1秒間に何十回と入れ替わっています。この電流を交流（AC）といい、プラス極とマイナス極が1秒間に入れ替わる回数を周波数（Hz：ヘルツ）といいます。交流の周波数は東日本と西日本で異なり、富士川（静岡県）〜糸魚川（新潟県）を境に東側は50H z、西側は60 H zになっています。

増えてきた直流

暮らしの中で直流や交流を意識することは、なかなかありません。しかし実は、身の回りにあるIT機器や電化製品の電子回路などは、直流で動いているのです。そして、直流は再生可能エネルギーとも密接な関係があるので、直流をうまく利用することで電気のムダを減らすことができるのです。

それでは、Q子さん、A子さんと一緒にみてみましょう。

ACアダプターを触ると温かいことがわかります。

A子さん：電気に直流と交流の２種類があるのは知ってるよね?

Q子さん：ええ。確か中学校の理科で習ったような気がするわ。

A子さん：直流はDC（Direct Current）、交流はAC（Alternate Current）とも呼ばれるの。スマホやノートパソコンの充電ケーブルにつながっている箱みたいなもの、あれはACアダプターといって、コンセントからの交流を直流に変換する変換器なの。ACアダプターを触ると熱を感じるでしょ?　「変換ロス」っていうんだけど、あの熱は、電気を交流から直流に変換するときに、電気がもっているエネルギーが熱になって逃げているから熱くなるの。

Q子さん：ACアダプターって大きくてかさばるし、けっこう熱くなるわよね。まさか電気を交流から直流に変換するだけでムダがあるなんて知らなかったわ。

スマートフォンやノートパソコンなどのIT機器は直流で動くので、IT機器をコンセントで充電するときにACアダプターを使います。ACアダプターは、コンセントからの交流を直流に変換する変換器で、**充電中にACアダプターに触れると熱くなっています。これは、交流から直流へ変わるときに電気がもっているエネルギーが熱になって逃げているからです。これが、「変換ロス」と呼ばれるムダ**です。ACアダプターを触ったときに、温度が高いものほど変換ロスが大きいと言えます。変換ロスが起こるのはACアダプターだけではありません。電子機器の内部の回路は直流で作動するため、ほぼすべての電化製品で交流－直流変換が行われて、変換ロスが生まれています。確かに、たいていの電化製品は買ってコンセントにつなげばすぐに使え便利ですし、使うために新しい知識を学ぶ必要はありません。混乱もしないでしょう。しかし、エネルギーのムダが出てしまっているのです。

変換ロスと送電ロス

さて、近年、住宅の屋根や商業施設の屋上などでもよく見かけるようになった太陽光パネル。この太陽光パネルで発電する電気は、直流です。前述の通り、スマートフォンなどのIT機器や、冷蔵庫や蛍光灯などのインバーター家電は、直流を使っています。もし、太陽光パネルの直流の電気を、直流のまま直流で作動するIT機器などに使えるとしたら、交流－直流変換の必要がなくなり、その分の変換ロスがなくなると考えられます。

しかし、現在流通している一般的な家庭用の太陽光発電システムは、そうなっていません。どうなっているかというと、太陽光パネルで発電した直流は、パネルと一緒にセットされるパワーコンディショナーで交流に変えられ、コンセントに送られているのです。その理由は、発電所からコンセントに送られてくる電気が電圧

100V の交流なので、それと同じにするためです。そして、既存の電化製品が、仕様上は電圧 100V の交流に対応しているからです。先に紹介したとおり、家電の中の回路は直流で作動しているのですが、家のコンセントは電圧 100V の交流なので、電化製品はそれにあわせて製造されているのです。そのため、太陽光発電システムを導入した家のコンセントに、IT機器をつないで使う場合には、交流―直流変換の前に、直流―交流変換が加わり、直流―交流―直流と変換され、ロスがなくなるどころか増えることになります。

さて、ロスは家の中だけではありません。発電所から送られてくる電気にもロスがあります。発電所から届く電気は、27 万 5000 ～ 50 万 V の超高電圧の交流に変換されて送電線に送り出されます。電線には抵抗があるので、電流を流すと電圧が下がります。しかし、発電所から出る時の電圧を高くすることで、長距離を経てもある程度の電圧は保てます。直流の電気は、大きな電圧変換が難しいのに対し、交流は容易です。そこで、各地に設けられた変電所で徐々に電圧が下げられ、最終的には 6600V にまで下げられ街中の電線に配電されます。さらに、電柱の上にある柱上変圧器（柱上トランス）で 100V または 200V にまで下げられ、引込線から各家庭へと送られます。

発電所での発電に使われる燃料（石油、液化天然ガス、石炭などの一次エネルギー）がもつエネルギーを 100%とすると、排熱などによるロスは 50%以上あると言われています。さらに、発電所で発電された電気エネルギーは、私たちの家にたどり着くまでの間に送電線の抵抗によって失われています。この送電ロスは、日本では約 5%[1] と言われます。少ないように感じますが、100 万 kW 級の発電所が稼働し続けて 5 年以上かかるくらいの電気エネルギーに相当します。

[1] https://www.jst.go.jp/seika/bt13-14.html　国立研究開発法人科学技術振興機構より

これだけのロスを生みながら、なぜ世界の電力システムの標準は交流なのでしょうか。起源は1880年代までさかのぼります。発明家として有名なトーマス・エジソン（Thomas Alva Edison）は、白熱電灯などへの直流給電を提案していました。一方、ニコラ・テスラ（Nikola Tesla）と米国の電力会社Westinghouse Electric Co.は交流給電を提案しました。電線には抵抗があるため、電流を流すと電圧降下が生じます。そのため、発電所から出る時の電圧を高くすれば、長距離でも送ることができます。ナイアガラの滝を利用した発電所の送電システムにも採用され、広く普及し、今に至っています。

余談ですが、**電力の供給方法を巡って、エジソンとテスラが競い合う「エジソンズ・ゲーム」（原題：The Current War ／ 2017年、アメリカ合衆国）と**

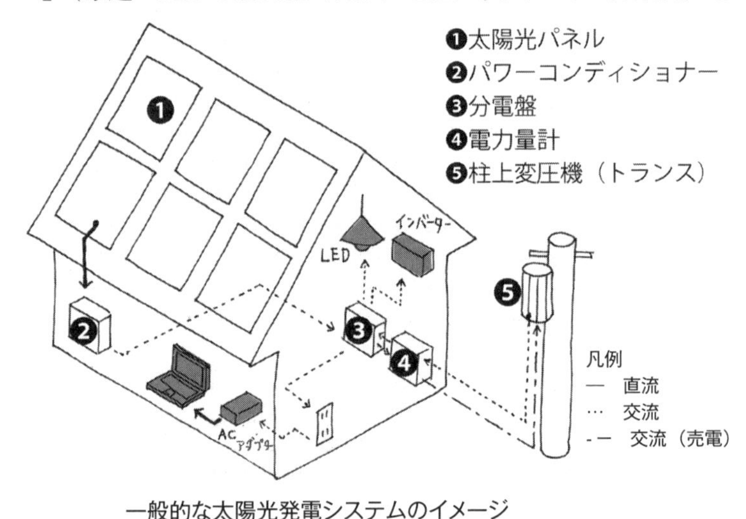

一般的な太陽光発電システムのイメージ

パワーコンディショナー（❷）は、家庭で使える電気（電圧100Vの交流）に変換する。分電盤（❸）は、電気（電圧100Vの交流）をコンセントへ送り、そこから各家電に送る。電力量計（❹）は、売る電気と買う電気を量る。

いう映画があります。原題を直訳すると電流戦争。直流と交流、それぞれの普及を巡りエキサイティングな内容で楽しめます。

直流も変換すればロスが出る

Ｑ子さん：電気が2種類あることを意識したことなんてなかったわ。変換ロスや送電ロスの説明もなるほどとは思うけれど、知ったところで私に何かできるの?

Ａ子さん：まずは、自分でつくった直流の電気の使い方があるということを意識するだけでもいいと思うわ。そして、この先、ロスが少ない電気の使い方を選択できるようになるかもしれないし。

さて、20 世紀後半になり、直流を交流に変換する「インバーター」の技術が発展しました。「インバーター」という言葉は、インバーターエアコンやインバーター冷蔵庫など省エネ家電のコマーシャルやパンフレットで見聞きしたことがあるのではないでしょうか。「インバーター」技術により、周波数を長くしたり短くしたり、電圧を上げたり下げたりすることで電化製品のモーター等の消費電力を抑えることができるようになりました。また、直流の電圧を変換する「コンバーター」も安価に利用できるようになりました。

直流の電圧変換技術が進んだ背景の一つにはロケット開発があります。というのも、宇宙空間においてロケットで使う電気は主に直流です。宇宙では得られる主なエネルギー源である太陽光を使い太陽光パネルで発電し、蓄電池にためます。そして内部の回路を作動するために放電しますが、発電も放電も直流です。

この電気の制御のために技術が進化したのです。エジソンとテスラの時代にはなかったインバーター技術と安価なコンバーターが今はあります。直流と交流、それぞれの特性を理解して上手に使うことが変換ロスの削減につながります。

太陽光発電システムと蓄電池を組み合わせ、LED 照明や既存の電化製品に直流のまま給電し、変換ロスを減らす研究開発も進んでいます。電気の変換ロスが減れば作る電気は少なくてすみ、作る電気が少なくてすめば設備投資が抑えられます。

太陽光パネルで作られる電気は直流、蓄電池に貯まる電気も直流、LED 照明や IT 機器なども直流で作動します。ということは、太陽光発電システムで作る電気を発電した場所の近くで使えば大規模な送電は必要なく送電ロスがありません。さらに、**直流の電気を直流のまま電圧変換せずに使うことができれば、変換ロスも減るでしょう。**

再生可能エネルギーを考えるときは、直流に注目です!

第４章
再生可能エネルギーを暮らしに取り入れる

私（早川）は、NPO活動を通して、小学生や親子を対象に、出力電力 8W 程度の小さな太陽光パネルとUSBケーブルの差込口があるDC-DCコンバーターをつなげて小さな太陽光発電システムを自作する講座を開催しています。そこでは、太陽光発電システムを自分で組み立て、それとつないだUSB扇風機が回る瞬間、歓声をあげたりガッツポーズをしたりする子どもたちの姿が見られます。ここでできたのはたった数 W の電力ですが、発電体験は気持ちを盛り上げるようです。そして参加者の皆さんは、家の電化製品にもつないで使えるのか？　プログラミング専用子どもパソコン「Ichigojam」を使って組み立てた自作のロボットにもつなぐことができるのか？　といった具合に自分で発電した電気の使い道に思いを巡らせます。私自身、太陽光発電システムを自作して初めてスマートフォンの充電ができたときは、とても嬉しかったことを思い出します。

自作の太陽光発電システムで発電テストを行う小学生の様子
（せんだい環境学習館「たまきさんサロン」にて）

直流電気を地産地消

ここで、太陽光発電について少し触れたいと思います。私が太陽光発電に興味を持った理由は、2011 年の東日本大震災以降、自宅で停電したときの備えが必要と感じたことと、原子力発電への漠然とした不安があったため微力でも原子力発電の電気を減らしたいと思ったからでした。そんなとき勤めていた東北大学で、再生可能エネルギーや蓄電池などを研究している研究室の仕事を通して、太陽光発電の電気を高効率で使う研究について知りました。その研究プロジェクトでは、変換ロスや送電ロスを無くすために、**直流の電気を直流のまま“地産地消”で使う社会を「直流ワールド」と呼んでいました**が、私も直流ワールドでの電気の使い方を学ぶ機会に恵まれました。

この「**直流ワールド」には、自分たちが望むエネルギー社会について自分たちも考えていこうという意思と自分たちでつくるDIY精神が重なりあうところがあります。**さて、FITの制度を使って設置された発電設備が2040年頃から大量に廃棄されると予測されていますが、使用済太陽光パネルのリユース・リサイクルの推進策として、国内では、太陽光パネルのアルミ枠とガラスを分離回収し、資源として再活用するための工場の整備等が進んでいます。

一方、太陽光発電に対して否定的に思われている方も、少なからずいらっしゃるかもしれません。例えば、景観への配慮が感じられない多数の太陽光発電パネルを地面に敷き詰めるメガソーラーの開発に対して、反対運動が起こっているというニュース記事をしばしば見かけます。身近な風景や生態系を愛する人たちが反対する気持ちはわかります。また、老夫婦しか住んでいない戸建住宅への、太陽光発電システムの売り込み業者がいることも聞きます。設置にかかる費用をローンにして売電すれば15年で回収できますという提案なのですが、年金暮らしの老夫婦に15年のローンを勧めることには個人的には賛同できません。

こういった問題は個人だけの判断での対応は難しく、また太陽光発電は普及してこそ意味があるので、多くの人が太陽光パネル設置や売電などについての知識を共有し解決策を探っていく必要があるように思います。なお、資源エネルギー庁のウェブサイトには「不適切案件に関する情報提供」のフォームが用意され、こういった太陽光発電設置についての疑問を受け付けていますので、活用するといいかもしれません。

安全面、経済面、環境への影響などどの側面をとってもパーフェクトなエネルギー源は無いと言われている中、大切なのは技術や道具をどう使うかだと思います。**自作の電気が必要になる場面は災害時だけとは限りません。電気を“手作り”できる感覚を持ち電気の使い道を明確にイメージできることで、自分たちの生活に対する安心感も増します。**こういう人が増えれば再生可能エネルギーが暮らしの中にいい形で取り入れられていくのではないでしょうか。

太陽光発電は儲かるの？

Q 子さん：太陽光発電って儲かるのかしら?

A 子さん：売電のことよね。今までは FIT（Feed-in Tariff）という制度があって、再エネで発電した電気を売る時の価格が 10 年間は固定だったの。例えば、太陽光発電の場合、10kW 未満は 10 年、10kW 以上は 20 年といった具合。だから、安定した収入が見込めて、太陽光発電を設置するための投資額を決めやすかったの。ちなみに、2022 年 4 月からは FIP（Feed-in-Premium）という制度が始まって、固定価格ではないけれど売電価格に一定の補助額が上乗せされるわ。いずれにしても再生可能エネルギーを増やすための制度よ。でも、売電しない太陽光発電という考え方もあるわ。買う電気の量を減らすの。
Q子さん：どういうこと?

売電をしない太陽光発電を考えるときにも、2章で出てきた1時間ごとの消費電力量のグラフが役立ちます。まず、朝の7時くらいに発電を始めて、昼前後で発電量が最大になり17時ごろに0になる発電量グラフ（太線）を、36ページでみた8月6日の消費電力量グラフ（実線）の下におさまるように描きます。すると、太線のグラフの最大値は0.45kWhくらいで、このくらいの発電量の太陽光パネルを選べば、在宅している日は発電した電気をちょうど使い切ることができそうだという見込みが立ちます。ただ、8月7日と8月15日の消費電力グラフ（破線）に太線のグラフを重ねると、発電量が消費電力量を上回ります。蓄電池を活用するか、もう少し発電量の小さな太陽光パネルを選ぶかは検討のしどころですが、発電した電気を自家消費できるかを基準に考えます。

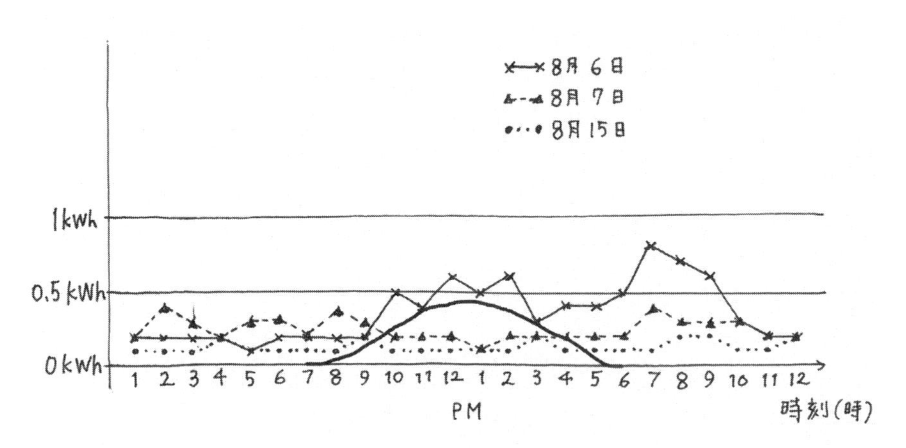

消費電力量と太線光発電量グラフ

Q 子さん：うちはマンションだから太陽光発電は無理よね。

A 子さん：ベランダ発電くらいなら、始められるかもよ。

Q 子さん：ベランダで発電できるの?

A 子さん：できるわ。小さな太陽光パネルを使ってスマホの充電に必要な電力くらいは発電することができるわよ。

Q 子さん：そうなの !?

太陽光パネルでつくられる電気は、乾電池から取り出す電気と同じで直流です。つまり、直列につなぐと電圧（V）が高くなり、並列につなぐと電圧（V）はそのままで電流（A）が大きくなります。住宅の屋根で見かける太陽光パネルも直列と並列の組み合わせで適正な電圧がつくられています。例えば、1 枚の太陽光パネルでスマートフォンを充電している際に、充電スピードをもっと早くしたいと思ったら、同じ電圧（V）の太陽光パネルをもう 1 枚用意して並列につなげば、電流（A）が大きくなって充電スピードが早くなります。

太陽光パネルは、10 から 100W くらいまで幅広くあり、例えば、インターネットで「太陽光パネル　10W」と検索してみると、近い W 数のパネルが見つかります。防災用品やアウトドア用品の分類で紹介されていることもあります。10W の太陽光パネルで発電できる電気の大きさは、電圧 5V のUSBケー

ブルで給電できるくらいの電化製品に使える電気です。価格は3,000～4,000円くらい、サイズはベランダでも使える程度です。乾電池は使い捨てですが、太陽光パネル自体は、寿命はあるものの太陽の光がある限り発電し続けます。住宅に設置されている太陽光発電システムの場合、システム全体のメーカー保証は10～15年くらい、パネル自体の出力保証は25年間くらいが一般的なようです。

A子さん：太陽光発電の欠点は不安定ということがあるわ。
Q子さん：不安定?
A子さん：風力発電も不安定。こうした再生可能エネルギーの電気は量や勢いが一定ではないの。

太陽光発電は、太陽が少しでも雲に隠れると電圧が下がり、出力（電力）も下がります。風力発電も、風が吹いたり吹かなかったり、風速も変化するので、発電量は一定ではありません。例えば、5～10W程度の小さな太陽光パネルにUSBタイプの扇風機をつないだ場合、太陽が雲に隠れるたびに出力（電力）が下がって給電が止まることになりかねません。

そこで役に立つのが蓄電池です。

A子さん：**蓄電池って、そういう不安定な電気を受け入れることができて、電気を出すときは安定化してくれるの。**
Q子さん：へー。蓄電池って、コンセントからの電気をためるだけじゃないのね。

電気を“自作する”意味

10W の太陽光パネルの1日の発電時間を 4 時間として、発電した電力量を使い切る場合、1 日の発電量は 40Wh（10W × 4h）、1 年間で 14.6kWh（40Wh × 365 日）となります。これは電力会社の電気料金に換算するとおよそ 500 円（14.6kWh × 35 円）です。太陽光パネルが 4,000 円とすると、太陽光パネルの購入費を電気料金の削減分で回収するには 8 年（4,000 円÷ 500 円）かかります。しかし、停電時のことを考えてみるとどうでしょう。太陽光パネルは、太陽さえ出ていれば発電できる安心感があります。さらに蓄電池があれば、つくった電気を昼間に使い切らなくても夜間に使うこともできます。

一方、非常時の電源には、これまでも使われている乾電池があります。そこで次に、太陽光パネルの 1 日の発電量 40Wh を乾電池代に換算してみます。

3Wh の単 3 乾電池で 40Wh を得るには約 13 個（40Wh ÷ 3Wh）の乾電池が必要です。仮に 1 個 80 円とすると、80 円× 13 個 =1,040 円となります。これに比べると、10 数年以上使える 1 枚 4,000 円の太陽光パネルの方がはるかに安く感じられます。

太陽光パネルの購入費を電気料金の削減分で回収できれば経済性はありますが、8 年の回収期間ではそれは難しいかもしれません。しかし**乾電池と比べれば、むしろ安い気さえしてきます**。パネルの費用を電力会社の電気料金に換算して考えるよりも、無理のない範囲で電気の自給を始める方が、自分の生活をつくりあげるような納得感がうまれるのではないでしょうか。太陽光発電の多くが、FITにより売電とセットで普及してきましたが、売電しない自家消費の太陽光発電には、経済性だけではない要素があるように思います。大袈裟かもしれませんが、**電気は私でも作って使える！　といった驚きであり、大きな電力システムに依存しない自立した暮らしをつくる可能性への期待と言えるかもしれません。**たとえ規模は小さくても、太陽光パネルで発電したり、その電気を蓄電池にためたり、スマートフォンを充電したりすることに慣れてくると、停電への備えになることを実感できます。しかも、自宅（賃貸マンション）のベランダという暮らしている場所で出来るのですから、その手軽さに驚き、そして自信を増幅させます。例えば、料理教室などで先生に教わりながら実践してみるのと、後日、自宅の台所で再現してみるのとでは自分のものにしたような手応えが違います。そして、その手応えを得ることがとても意味があるように思います。

ただ、私の場合、太陽光パネルや蓄電池の実物を見たり触ったり出来る機会が身近にある職場であったことも大きいかもしれません。というのも、私が取り組んでいる NPO 活動の一環「ママのためのエナジーカフェ」のイベントにおいて、10W の太陽光パネルで小さな LED イルミネーションを光らせるデモを展示していると、「案外パネルは小さいですね」「このくらいの大きさの太陽光パネルでイルミネーションを光らせられるんですね」と参加者の皆さんが驚きながらも興味を持ってくれます。また、ポータブル蓄電池と太陽光パネル（同じブランドの 40,000 円弱のセット）を展示していると、持って重さを確認する方や値段を尋ねる方がいて、「（買うために）貯金しようかな」「服の予算をこっちにまわそうかな」といった具合に、暮らし全般の予算のやりくりまで範囲を広げて検討されている様子が伺えます。

数年前と比べて、インターネット上で「電気の備えはすなわちポータブル蓄電池」といった PR や商品はかなり増えており、実物を見たり触ったりしたいというニーズが増えているのかもしれません。太陽光発電だけではなく蓄電池とのセット展示だから興味をひくのかもしれません。戸建住宅の屋根にのせて売電する以外の選択肢があること、そして電気の自給は発電量が小さくても始められ、いざというときの備えとしてだけではなく楽しみに使える可能性があることも、まだ広くは認識されておらず、実物に触れられる場所も少ないようです。もし、実物に触れられる場所が身近にあれば、これまで自分には関係ないと思っていた人にも電気の自給が身近になる可能性があります。

そして、それらの知識が増えてくると電気を自分なりに使いこなしたいというモチベーションが湧いてきて、「W」や「A」に苦手意識があったとしても、案外あっさりとそのハードルは越えられそうです。考えてみれば、料理や裁縫においても計量や採寸など、数字や単位に慣れる必要はあります。自分好みのお菓子や布雑貨のビジュアルを見て、つくりたいというモチベーションが湧く人は多いでしょう。自分らしい電気の使い方がキャンプシーン以外、例えば家庭でも使いやすそうにビジュアル化されていれば、より多くの人が自家発電に興味を持つのではないでしょうか。

暮らしの中での予算でやりくりできる金額はそれぞれの家庭で異なるでしょうけれど、数万円の金額には、電気の備えだけではない価値を見出せそうです。より多くの人が自分で電気をつくる経験をし、電気の使い方の工夫を見つけ、暮らし方のアイデアを発信し始めたらますます楽しくなってくるのではないでしょうか。

＊本書における自作のアイデア等は、商品の目的外使用をしている場合があります。専門家のアドバイスを受けながら、十分注意した上で、自己責任で行っています。

再エネ発電促進賦課金から考える再生可能エネルギー

再エネ発電促進賦課金の単価推移（経済産業省資料より）

2012 年度	0.22 円 /kWh（1,302 億円）
2013 年度	0.35 円 /kWh
2014 年度	0.75 円 /kWh
2015 年度	1.58 円 /kWh
2016 年度	2.25 円 /kWh
2017 年度	2.64 円 /kWh
2018 年度	2.90 円 /kWh
2019 年度	2.95 円 /kWh（3.58 兆円）
2020 年度	2.98 円 /kWh
2021 年度	3.36 円 /kWh
2022 年度	3.45 円 /kWh

※（　）内は、賦課金収入

震災以降、政府が発表した制度の一つがFITでした。FITは、再生可能エネルギーで発電した電気を、電力会社が一定価格で、一定期間買い取ることを国が約束する制度で、対象となる再生可能エネルギーは、「太陽光」「風力」「水力」「地熱」「バイオマス」の５つのいずれかです。また、住宅の屋根に載せるような10kW 未満の太陽光発電の場合や、ビル・工場の屋根に載せるような10 ～ 50kW の太陽光発電の場合は、自分で消費した後の余剰分も買い取り対象となります。

毎月電力会社から届く「電気料金のお知らせ」の下の方に「再エネ発電賦課金」という項目があります。再エネ発電賦課金は、再生可能エネルギー発電促進賦課金の略で、FITにおける電気の買い取り財源の一部として使われています。

再エネ発電促進賦課金は、全国一律の単価になるよう調整され、電気の使用量に比例します。ただし、国際競争力を損なわないように、産業には配慮し一定の基準を満たす事業所については、賦課金の減免措置の適用を受けることもできます。

さて、再エネ発電賦課金の単価は、FITが始まった2012年度には0.22円／kWhでした。それが、2020年には、2.98円／kWh、2021年度には3.36円／kWh、2022年度は3.45円です。1ヶ月の電気使用量が300kWhの家庭だと、およそ1,008円、1年では12,000円以上（1,008円×12ヶ月）になります。**電気使用量を減らせば、再エネ発電促進賦課金も減ることは、知っておいて損はないでしょう。**

なお、2023年度は政府の指導により下がっただけです。

“卒ＦＩＴ”から考える電気の自給自足

FITにおける固定価格での買取期間は10年です。買取期間を満了した発電設備のことを、「卒FIT」と呼びます。ですから、太陽光発電システムを導入し、電力会社と売電契約している家庭は、いずれ卒FITを迎えることになります。卒FITを迎えると、買取価格は固定ではなく自由競争となり、FITの対象時は24～26円/kWhだった売り価格は9～10円/kWh(2022年)になりました。卒FITは、2021年までに累計で約100万件、2025年までに累積で約200万件に達する見込みです。

固定価格が最初に設定された理由は、FITが始まった直後は電力を売買するための市場ができていないので、価格を固定することで事業者にとってのリスクを低くするためでした。これによって例えば、小規模事業所と大規模事業所との設置費の単価の開きもなくなり、小規模事業所の参入も増えます。こうして普及させることで市場ができ、自由競争になるという流れです。現時点での卒FITの選択肢は、一般的には、発電した電気をより高く買ってくれる事業者を探して契約し直すか、発電した電気を自家消費することを中心に考えるかの二択になります。

さて、ここでいう“自家消費を増やす方法”についての考え方は、卒FITに限らず、電気の自給自足を考える上で役に立ちます。そこで、3.6kWの太陽光発電システムを設置した、ある家庭の春の休日の1時間ごとの消費電力量と発電量のグラフを見ながら考えてみましょう。

消費電力量（実線）は、午前7～9時と12時、午後7時頃に多くなっています。発電量（点線）は、昼前後で多くなっています。午前8時ごろから午後3時ごろまでは、発電量（点線）が消費電力量（実線）を上回っています。点線と実線で囲まれた斜線部分が、自家消費しきれない余剰分の電気です。この余剰分（斜線部分）を、売電から自家消費する電力に変えれば自家消費が増えます。

そのための方法の一つが、蓄電池の導入です。発電した余剰分をためられる

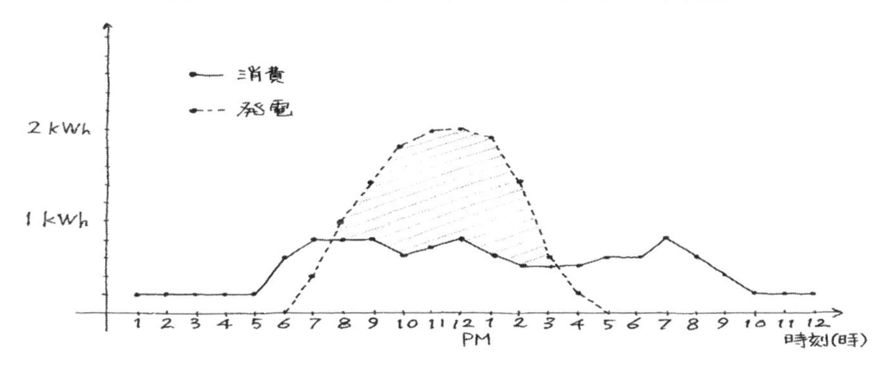

3.6kWの太陽光発電システムを設置した家庭の発電量と電力消費量

1kWあたりの年間の発電量を約1000kWh（一般社団法人太陽光発電協会ウェブサイトより）とすると、1日の発電量は約9.8kWh（3600kWh÷365日で約9.8kWh）となる。

容量の蓄電池にたまった電気を夜に使えば、買う電気の量が減ります。その結果、自家発電した電気の消費が増えます。電気エネルギーは、そのままではためられませんが、物質を介して蓄電池にためることができます。さらに、午後 4 時ごろから次の日の AM7 時ごろまでの必用量を蓄電池にたまった電気で賄えられれば、自給率 100% になります。ただし、蓄電池は高価なので、卒FITを見据え、余剰分を全てためられる蓄電池を導入するよりも余剰分の容量以下の小さな蓄電池を導入して、ためきれない分は売電を続ける方が費用を少なくできるかもしれません。**蓄電池がより安価になれば、導入もしやすく、電気の自給率は上がり、電気の備えも増えることになります。**あるいは、電気自動車（EV）やプラグインハイブリッド車（PHV）を導入することも選択肢の一つになるでしょう。

断熱性能を上げてさらに省エネ

省エネや創エネ・蓄エネは家の建築材や建て方の工夫で、よりスムーズに進めることができます。電化製品の使用量を減らせば、電気料金は減り、つくる電気も少なくてすむため設備投資も減ります。そのためには、冬は熱を逃がさず、夏は外の熱を遮断するような断熱性能の高い家を目指すことになります。具体的には、窓への対策です。家の熱の出入りは窓が最も大きいので、内窓をつける、窓枠を熱伝導率の高いアルミサッシから木質系の材料にする、ガラスを三重にする、天井裏や床下などに断熱材を入れるといった方法があります。家の省エネは今後義務化される流れにあるので、断熱改修の補助金なども活用したいところです。

また、省エネだけではなく、創エネできる家にも補助金がでます。例えば、ZE

H（ゼッチ）と呼ばれる家は補助対象になっています。ZEHは、ネット・ゼロ・エネルギー・ハウスの略で、断熱性能をあげて高効率な設備システムと再生可能エネルギーによる創エネを導入し、年間のエネルギーの消費量の収支がゼロを目指す住宅のことです。大まかに言うと、その家がつくり出すエネルギーが使うエネルギーを上回るため、100%のエネルギーを賄える家です。75%以上賄える場合は「Nearly ZEH」、20% 以上賄える場合は「ZEH Oriented」と段階的にわけられています。なお、ZEHに使われる再生可能エネルギーは太陽光だけではありません。

未来のエネルギーのことを考えると、家で使う電気は、できる限り省エネにして、できる限り自分でつくることが求められているということでしょう。まずは、断熱性能の高い家を造ることでエアコンを使わなくても室温をある程度保つことができるので、災害などで長時間停電してもしのぐことができるでしょう。

そして、省エネ効果が高ければ高いほど、創エネ・蓄エネのための設備投資も抑えられます。エネルギーの自給自足を一度にやろうとすると費用もかかります。まず家の断熱性能を上げるなど、時間をかけて、できるところから始めてもいいかもしれません。

再生可能エネルギーによる発電を増やす意味　早川昌子

各家庭の電気の自給率が上れば、停電への備えにもなりますし、社会の電気需要が減って、現在稼働している大きな発電所を減らしていけるかもしれません。

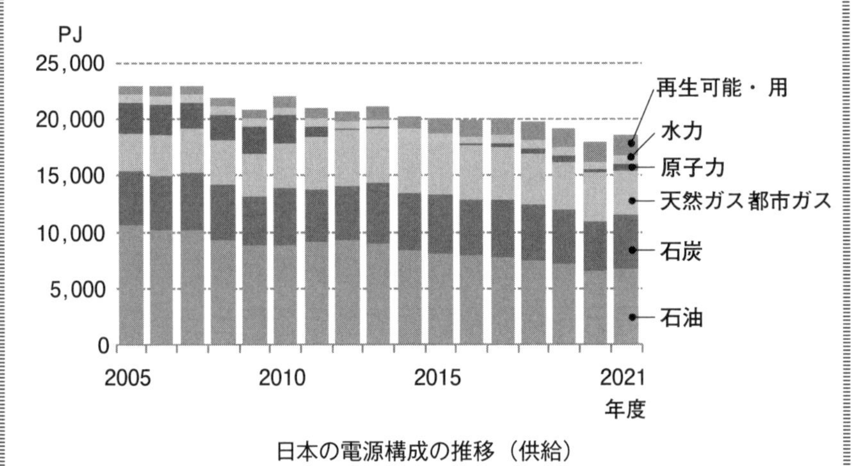

日本の電源構成の推移（供給）

（出典：資源エネルギー庁「総合エネルギー統計」）

家庭で使われているエネルギーの約半分は電気が占めています。日本の発電方法は、2018 年度では、火力 77%（石油など 7.0%、LNG38.3%、石炭 31.6%）、原子力 6.2%、水力 7.7%、再生可能エネルギー（太陽光や風力）9.2%となっています。FITの効果もあり、再生可能エネルギーによる発電量は増えましたが、東日本大震災前まで 3 割近くあった原子力発電で再稼働しているものは 11 基（2023 年 8 月現在）と少ないこともあり、それを補うために火力発電による発電量が増え、化石燃料への依存度が増加しています。そして、化石燃料のほとんどは輸入されており、日本のエネルギー自給率は12.1%（2019年度）です。

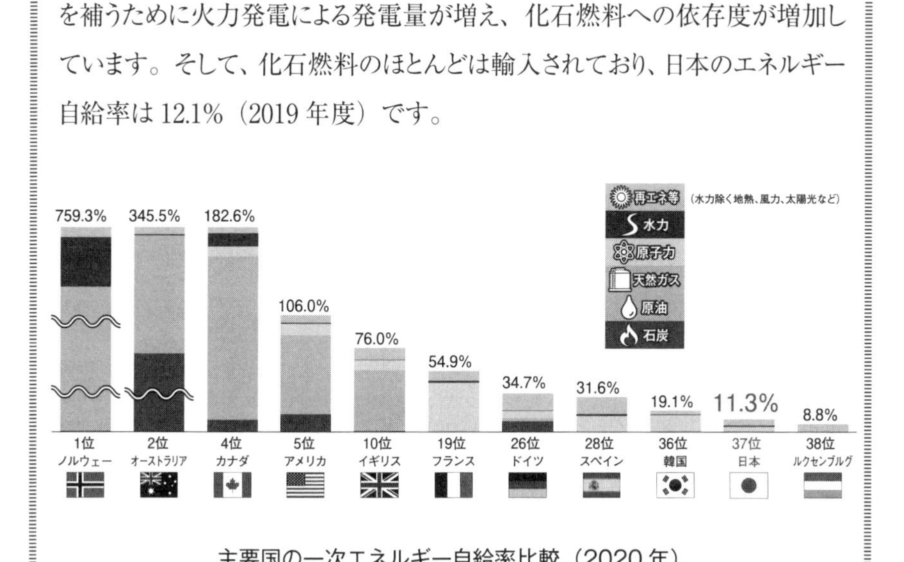

主要国の一次エネルギー自給率比較（2020年）

（出典:IEA「World Energy Balances 2020」の2020年推計値、日本のみ資源エネルギー庁「総合エネルギー統計」の2020年度確報値。※表内の順位はOECD38カ国中の順位）

石油の備蓄基地は各地にあり、国内需要の200日分以上が備蓄されています。しかし、それで充分でしょうか。

日本は、1970年代、原油供給が逼迫したオイルショックの経験から、燃料が偏らないような施策をとってきました。その結果、さまざまな発電方法を組み合わせるエネルギーミックスの一環で、原子力発電の重要度が増してきました。しかし、現在はオイルショックの時よりも技術が進んでいます。政府の「第6次エネルギー基本計画の概要（令和3年11月26日更新）」によると、「安全性を前提とした上で、エネルギーの安定供給を第一とし、経済効率性の向上による低コストでのエネルギー供給を実現し、同時に、

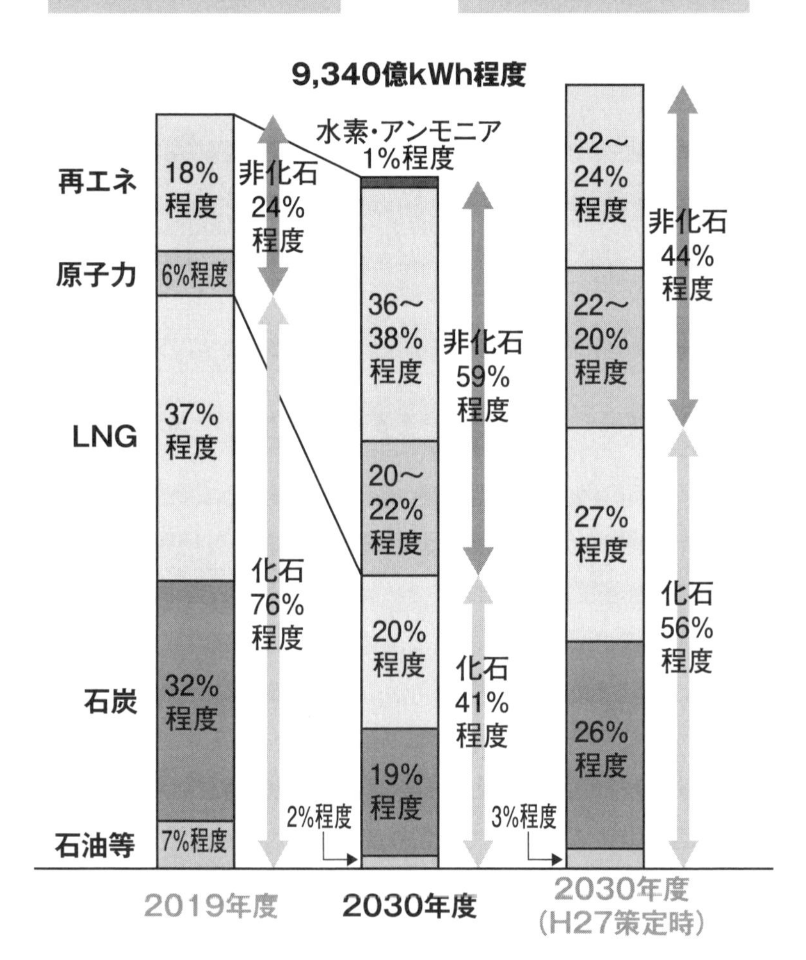

我が国の電源構成

(出典：資源エネルギー庁「2030年度におけるエネルギー需給の見通し（令和3年10月)」)

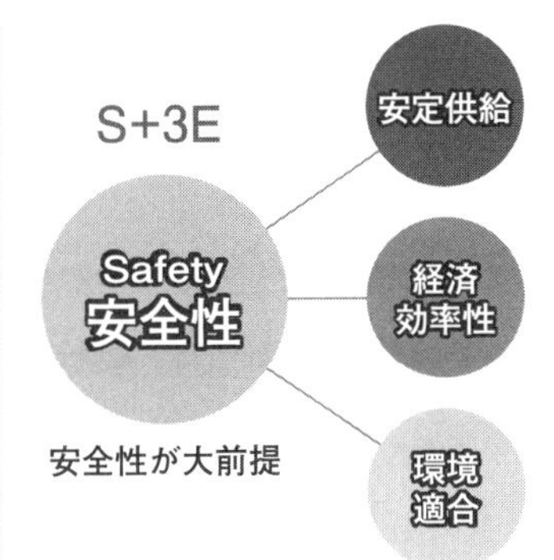

Energy Security（自給率）
東日本大震災前（約20%）を更に上回る
30%程度を2030年度に見込む（2020年度11.3%）

Economic Efficiency（電力コスト）
2013年度の9.7兆円を下回る
2030年度8.6〜8.8兆円を見込む

Environment（温室効果ガス排出量）
2050年カーボンニュートラルと整合的で野心的な削減目標である2030年度に2013年度比▲46%※を見込む
※非エネルギー起源CO_2等を含む温室効果ガス全体での削減目標

S+3E：日本のエネルギー政策の基本方針において、重要な観点である安定供給（Energy security）、経済性（Economical efficiency）、環境性（Environment）と安全（Safety）の頭文字をとったもの。

（出典：資源エネルギー庁「日本のエネルギー 2020 年度版「エネルギーの今を知る 10 の質問」」

環境への適合を図るS+3E ※の実現のため、最大限の取組を行うこと」とあり、「再エネの主力電源化を徹底し、再エネに最優先の原則で取り組み、国民負担の抑制と地域との共生を図りながら最大限の導入を促す」とあります。

望ましいエネルギー社会のために私たち生活者にできることは何でしょうか。エネルギー関連のニュースに関心を持つことかもしれませんし、暮らしの電気について関心を持ち、できることを実践していくことかもしれません。

東日本大震災の時、避難所に太陽光パネルが設置され、携帯電話も充電でき大変重宝されました。従来の発電機と異なり、作動時にモーター音が出ないため静かに発電でき好評でした。今のところ、2kW 未満くらいの発電出力の太陽光発電は庭や屋根、ベランダに導入しやすく、扱いやすい電源と言えます。しかも太陽光は誰もが得られます。

地球温暖化とカーボンニュートラル

世界的にも対策が求められている気候変動問題、具体的にはどうなるのでしょうか。気候変動に関する政府間パネル（IPCC）の科学的根拠に基づいた資料によれば、現状を上回る温暖化対策を取らなかった場合、2100年には、世界の平均気温は2.6～4.8℃の上昇となる可能性が高いとされています。こうなると、日本のあらゆるところで、夏の気温が40℃を超える日が数日間にわたる可能性があるのです。

2020年10月、政府は2050年までに、温室効果ガスの排出を全体としてゼロにするカーボンニュートラル宣言を出しました。「排出を全体としてゼロにする」とは、「排出量から吸収量と除去量を差し引いた合計をゼロにする」ことを意味します。排出を完全にゼロに抑えることは現実的に難しいため、排出せざるを得なかったぶんについては同じ量を「吸収」または「除去」することで、差し引きゼロ、正味ゼロ（ネットゼロ）を目指しましょう、ということです。これが、「カーボンニュートラル」の「ニュートラル（中立）」です。

さらに、2021年5月、改正地球温暖化対策推進法が成立し、「2050年までのカーボンニュートラルの実現」が法律に位置付けられました。さらに、「地域脱炭素ロードマップ～地方からはじまる、次の時代への移行戦略～」を決定し、5年間で少なくとも100ケ所の「脱炭素先行地域」を創出し、重点対策を全国で実施することとしました。2023年4月時点で3回の募集が行われ、全国32道府県83市町村の62提案が選定されています。

さて、カーボンニュートラル宣言の前から、温暖化対策についての目標設定はありました。2015 年、パリ協定[1]においては、日本の温室効果ガスの削減目標は「2030 年までに 2013 年と比べて 26%削減」としていましたが、2021 年 4 月、米国主催気候サミットにおいて、菅義偉首相は「46%削減（2013 年度年比）」と宣言しました。これは、相当に高い目標と言われていましたが、産業界では達成に向けて様々に動きだしました。しかし家庭で、こういった変化を感じている方はどれくらいいらっしゃるでしょうか。家庭で使われるエネルギーの約半分は電気が占めています。それらの電気の 8 割は火力発電によりつくられており、燃料は化石燃料で、温室効果ガスである CO_2 を排出しています。家庭で使う電気についても対策し、少しでも CO_2 の排出量を減らす暮らしに変えていく必要があるでしょう。

SDGs とエネルギー

SDGs という言葉が浸透してきました。これは Sustainable Development Goals の略で「持続可能な開発目標」と訳されます。国連広報センターのサイトに掲載されている「我々の世界を変革する：持続可能な開発のための 2030 アジェンダ」に「持続可能な開発を達成するためには、経済成長、社会的包摂、環境保護という 3 つの主要素を調和させることが不可欠」とあるように、経済だけではなく社会や環境の問題の解決を目指すものです。SDGs には 17 の目標があります。そこで、この 17 の目標の中のエネルギー

[1] パリ協定：2015 年にフランスのパリで開催された国連機構変動枠組み条約第 21 回締約国会議（COP21）において、地球温暖化対策についての話し合いの中、2020 年以降の対策を取り決めました。この取り決めを「パリ協定」といいます。例えば、協定の長期目標の到達度合いについては、全体的な進捗を測るために、2023 年から 5 年ごとに、実施状況を確認することとされました。その結果を踏まえて、各国の次の削減・抑制目標などが検討されます。達成義務を設けず、努力目標とすることで、様々な国や地域の参加と削減努力へのコミットを促すことに成功しました。（環境省資料によると、2020 年 8 月時点で 197 ヵ国・地域が締約）
（出典：資源エネルギー庁「今さら聞けない「パリ協定」～何が決まったのか？私たちは何をすべきか？～」）
https://www.enecho.meti.go.jp/about/special/tokushu/ondankashoene/pariskyotei.html

に関する目標と気候変動に関する目標についてみてみたいと思います。国連広報センターのサイトには次のように書かれています。

「<ゴール 7 >エネルギーをみんなに そしてクリーンに
すべての人々に手ごろで信頼でき、持続可能かつ近代的なエネルギーへのアクセスを確保する」

世界の人口は、2030 年には 85 億人（2020 年から 10% 増）へ、さらに 2050 年には 97 億人（同 26% 増）、2100 年には 109 億人（42% 増）へと増えることが予測されています。エネルギーも膨大な量が必要になり、電力を使う人が増えても利用できる方法を考えていかなければならないということでしょう。そのためには、大きな電力を必要としない電化製品の開発、CO_2 を排出しない再生可能エネルギーで発電した電気を高効率で使える技術の開発、少ない電力で暮らす工夫、努力する市民へのインセンティブ設計など、技術者・研究者、生活者、国や行政といった立場が異なる人たちそれぞれが努力し実行する必要があるでしょう。

「<ゴール 13 >気候変動に具体的な対策を
気候変動とその影響に立ち向かうため、緊急対策を取る」

日本での台風や大雨の頻度の増加も心配です。食料や水の備蓄、排せつ時の対応などについても考えておくことのほか、いざ停電した時にあわてないためには、普段から電気の確保を検討しておくことも重要になるでしょう。

とくに、日本の場合、夏と冬とでは電気の使われ方が異なります。夏は冷やすために電気を使いますし、冬は暖めるために電気を使います。

まずは、**身近な電気のことを知って、節電を実践したり、電気の備えを検討したり、電気の自給を目指してみたり、ワクワクすることから始めて、そのワクワクが集まることで、望む未来に近づきたいと思いませんか？**

第５章

イザというときの蓄電池

停電したときのために

A 子さん：**停電時に使いたい電化製品の優先順位を決める**と納得のいく電気の備えができると思うわ。

Q 子さん：優先順位？　冷蔵庫は使いたい！

A 子さん：わかるけれど、それは大きめの電力（W）が必要だから蓄電池を買う場合は大きなものが必要になって高額になるわよ。

Q 子さん：うーん……。冷蔵庫はあきらめるとしても、スマホは必要よね。

第１章に出てきた電化製品ごとの消費電力グラフを参考に、停電、そして災害時に使いたい電化製品の優先順位をつけてみました。

例えば、スマートフォンは連絡をとる手段、情報収集の手段として、今は欠かせません。しかも消費電力は小さいため、ポータブル蓄電池やモバイルバッテリーで十分電力を賄えます。よって、優先順位を高くしました。

ノートパソコンの消費電力もそれほど大きくはないので、ポータブル蓄電池が使えます。また、災害時にはイライラしたり気分が落ち込んだりすることが予想されます。そんなときに、パソコンやタブレットを使ったゲームや音楽、映画で、気分を和らげられたらいいかもしれません。同じ目的でスマートフォンも使えますが、家族で画面を見る場合には、ノートパソコンやタブレットの画面くらいの大きさは欲しいところです。また、夜は真っ暗になるので照明は必須です。懐中電灯を準備するという選択肢もありますし、卓上のLED照明であれば消費電力が小さいのでポータブル蓄電池が使えるでしょう。

一方、電子レンジやIH炊飯器等のように熱を使う電化製品は、消費電力が大きいので蓄電池も容量と出力の大きなものが必要になります。よって、優先順位を低くしました。調理のように熱を使いたいときは、カセットコンロや薪などの直火を使う方が合理的と言えます。

電化製品の使用電力

優先度		電力の最大値 W	１日に使う電力量 Wh	備考
低	電子レンジ	1300W	239Wh	カセットコンロでできることを考えておく
低	IH炊飯器	1,000W	1,140Wh	同上
低	湯沸かしポット	900W	877Wh	同上
低	石油ファンヒーター	650W （着火後20W）	212.1Wh （22.1Wh＋190Wh）	ストーブや湯たんぽを検討
低	ゲーム機	165W	660Wh(165W × 4h) ※４時間使うとして	ノートパソコンでもできるもの
低	洗濯乾燥機	洗濯時 120W 乾燥時 545W （最大1200W）	洗濯時 60Wh 乾燥時 1800Wh	非常時なので諦める
低	テレビ	70W	420Wh	ノートパソコンでも映画やアニメは見ることができる
中	冷蔵庫	56W ※最大 160W	1342Wh	１日８時間使う場合は、447Wh/日。 突入電流によりポータブル蓄電池が使えない場合がほとんど
高	ノートパソコン	64W ※AC アダプター：16V 4.06A	約 12 時間駆動	
高	卓上ランプ	15W		懐中電灯も用意
高	スマートフォン	5W	10Wh ※1回	

市販の蓄電池は
全ての電化製品には使えない

たとえば、小型太陽光パネルにつなぐことを想定した 20,000 円くらいの蓄電池があったとします。この蓄電池は、停電の時、使いたい電化製品を稼働させられるでしょうか。

通販カタログなどで見かけるポータブル蓄電池の例

○セット内容：本体、AC アダプター、シガレットライターアダプター（出力用）
○重さ：約 1kg　　　○サイズ：幅 29×高さ 19×奥行 10cm
○電池種類・容量：リチウムイオン電池、60,000mAh（222Wh）
○入力ポート：AC アダプター、カーチャージャー、ソーラーパネル（別売り）
○出力ポート：USB 出力端子 2 口、AC コンセント2口、200W、100V,50-60hz

この蓄電池にはACコンセントが 2 口ありますが、コンセントがあるからといって、**全ての電化製品が使えるわけではないので注意**しましょう。電化製品の消費電力は、それぞれ異なります。機種にもよりますが、例えば電子レンジや炊飯器などは 1,000 W前後の大きな電力が必要です。しかし、液晶テレビなどは 40 インチで 70 ～ 100W、ノートパソコンは 50W 前後、スマートフォンは 10W 程度が一般的な目安です。

この蓄電池の場合、出力ポートが 200W までのため、例であげた 40 インチの液晶テレビであれば消費電力は70～100Wなので、2～3時間（222Wh÷70～100W）使うことができるでしょう。しかし、1,000W前後の炊飯器は200Wより大きいため使えません。また、冷蔵庫は消費電力が200W以下だったとしても、起動時の突入電流が大きくて使えないでしょう。

よって、この蓄電池で使える電化製品は、スマートフォン、LED照明、ノートパソコンくらいです。少しの時間なら液晶テレビが使えそうですが、他の電化製品を使うのは難しいでしょう。

Q子さん：停電の時だけのために数万円は高いわね。

A子さん：そうね。スマホとLED照明くらいなら数千円のモバイルバッテリーでも十分だと思うわ。ただ、ノートパソコンにも使えるという点では、200Whくらいの蓄電池もありかもね。その場合は、普段から使わないともったいないわね。太陽光パネルと組み合わせて、毎日スマホの充電に再生可能エネルギーを使うスタイルはどうかしら。

蓄電池を使う際には、もう一つ注意が必要です。太陽光パネルは、蓄電池とセット販売されている、もしくは同じメーカーのものであれば、ほとんど接続に問題がありません。しかし、蓄電池と異なるメーカーのパネルをつなごうとすると接続できない場合があります。これは、パネルの電圧と蓄電池側の入力電圧（仕様に記載がある場合とない場合があります）があわない、またはプラグの形状があわない場合があるからです。先に述べたようにUSBケーブルの場合は規格があり電圧が5Vと統一されています。コンセントからの電源も100Vと統一されています。ですが、パネルの電圧は統一されていません。リユースのパネルでも同様です。

太陽光パネルの電圧は、蓄電池の入力ポートの電圧より少し高めなのが理想です。これは、直流の電気は電圧の高いところから低いところに流れるからですが、高すぎると危険かつ効率が悪く、逆に低いと蓄電されません。そこで、パネルと蓄電池の間にDC-DCコンバーターを挟むことで、パネルの電圧を蓄電池の入力電圧にあわせることができます。DC-DCコンバーターは、電圧調整をする電子部品で昇圧と降圧があります。インターネットで検索するといろいろなタイプが出てきます。仕様を見ると入力電圧と出力電圧がわかりますので、パネルにあったものを選びましょう。また、プラグも様々な形状や大きさのものが販売されています。電圧の昇圧降圧に挑戦すると、いっきに電気工作への自信がつきます。

A子さん：蓄電池は電気をためる役割と不安定な電気を安定化させる役割を持っているのよ。だから、太陽光発電と組み合わせるのがいいわけ。ただし、太陽光パネルと蓄電池をつなぐ場合には、蓄電池側の差込口のサイズと入力電圧（V）を確認する必要があるわ。

Q子さん：差込口のサイズや入力電圧は日本中どこでも同じではないの？

A子さん：おおよそ似たような感じだけれど統一されているわけではないの。

Q子さん：何も考えずに使えるコンセントとは違うのね……。

蓄電池と太陽光パネルをつなぐときには、電圧を確認しましょう。例えば、蓄電池の入力電圧が「12－18V」の仕様の場合、太陽光パネルの丁度良い電圧は少し高くなります（18V以上）。これは、直流の電気は電圧の高いところから低いところに流れるからです。ただし、太陽光パネルの電圧は蓄電池の電圧に引っ張られて少し下がります。一方、太陽光パネルの電圧がもっと高い場合は、

DC−DCコンバーターを使えば電圧を上げ下げできます。ただし、変換ロスで5〜10％程度のロスがあります。蓄電池は、スマートフォンやノートパソコン、自動車にも搭載されています。また、住宅用には定置型蓄電池もあります。用途によって、バッテリーと呼ばれますが、蓄電池と同じ意味です。

電力は「定格出力○ W」とも表示されています。あるいは、蓄電池の容量は放電容量を表す「mAh」や「Ah」がよく使われます。

例えば、USBのケーブルの規格は5V に決まっています。電流はケーブルによってまちまちで、古いタイプだと 0.5A ほどから、急速充電対応のものになると２〜3A になります。USBの差込口があるモバイルバッテリーの仕様に「2000mAh」と表示されていたら、2A（2000ｍA）の電流を１時間放出し続けたら空っぽになる容量という意味です。ポータブルバッテリーの仕様に「24000mAh のリチウムイオン電池を内蔵」と記載されている場合は、2.4A の電流を 10 時間放出し続けたら空になり、1A の電流では 24 時間で空になるという目安になります。コンセントからACアダプター付きのUSBケーブル（1A 対応の場合）を使って２時間で満充電になるスマートフォンであれば、計算上では 12 回ほど充電できます。しかし、実際には使用時の条件によって少なくなる場合もありますので、あくまで目安としてとらえてください。

蓄電池を持つことは停電時の備えになります。加えて、太陽光発電と組み合わせ、スマートフォンやノートパソコンの充電などに使えば、暮しに再生可能エネルギーを取り入れることにもなります。１世帯で 100Wh の電気をつくってためて使っても社会全体が消費する電力量に比べるとわずかですが、それが１万世帯、10 万世帯……1,000 万世帯となれば、大きな電力量になります。そして、それは再生可能エネルギーによる電気が増えることになり、化石燃料の使用を減らすため気候変動対策にもなります。

既に持っている蓄電池を生かす

新しい蓄電池を買わずに、今あるものを活かす方法もあります。
どんな方法なのか、みてみましょう。

A 子さん：停電時のスマホの充電には、Q 子さんが既に持っている蓄電池を使えるわよ。
Q 子さん：え?
A 子さん：**ノートパソコンを蓄電池として使う**こともできるのよ。

ポータブル蓄電池を買わなくても、スマートフォンの充電くらいであれば、既に持っている機器に内蔵の蓄電池を使えます。例えばノートパソコンです。これには蓄電池が入っているので、USBケーブルの差込口からスマートフォンの充電ができますし、USBケーブル付きのLED照明も使うことができます。スマートフォン用のUSBケーブルを持っていない場合は、100 円ショップでも買うことができます。

Q 子さん：ノートパソコンを蓄電池として使うなんて考えたことなかったわ。容量はどれくらいだっけ。
A 子さん：ノートパソコンの蓄電池の容量もインターネットで「品番、バッテリー交換」と検索してみると、交換用のバッテリー（蓄電池）の容量がわかる場合が多いわ。

Q子さん：知らなかったわ。でも、知ってるといざというとき役立ちそう！

例えば、インターネット検索で出てきた蓄電池を例に、スマートフォンの充電が何回くらいできそうか考えてみましょう。

「バッテリーパック：7.6V（2セル）リチウムイオン・定格容量2720mAh」と表示されている蓄電池に貯められる電力量は約20Wh[2]というのが目安になります。ちなみに、「定格」は、決められた気温や湿度などの環境下で測定した際の数値という意味です。

また、2720mAhとあるので、2.7Aの電流で電気を取り出す場合、1時間で蓄電池残量0になるという意味でもあります。電流値により蓄電残量が0になるまでの時間は異なります。

一方、スマートフォンの充電に必要な電力量を計算してみます。ACアダプターにある「Output:5.0V===1.0A」という表示から、必要な電力は5W[3]です。スマートフォンのバッテリー残量が30%から100%になるまでに必要な電力量を計算してみます。100%になるまでの時間を約2時間と想定すると、充電に必要な電力量は10Wh[4]となります。

満充電されたノートパソコンの蓄電池の電力量が20Wh、スマートフォンの充電1回分の電力量が10Whとすると1～2回[5]は充電できそうです。

[2] 電力量（Wh）＝電圧（V）×電流（A）×時間（h）
7.6V（2セル）は3.8Vの電池を2個直列につないでいるということになります。
3.8V×2×2.72A× 1時間（h）≒20.7Wh
[3] 電力（W）＝電圧（V）×電流（A）
5V×1A＝5W
[4] 電力量（Wh）＝電力（W）×時間（h）
5W×2h＝10Wh
[5]20Wh÷10Wh＝2

A 子さん：ノートパソコンの中のバッテリーって、停電時の蓄電池として使えそうでしょ？

Q 子さん：使えるわね。そう考えるとノートパソコンはいつも満充電にしておかなくちゃね！

A 子さん：ノートパソコンを使うときは、いつもACアダプターにつないで使う方がいいわね。

スマートフォンやノートパソコンのバッテリーはリチウムイオン電池という種類で、電動アシスト自転車や電気自動車などにも使われているバッテリーと同じ種類です。リチウムイオン電池の特徴を知っておくことも、自分で考え、工夫する電気の使い方につながります。

Q 子さん：そういえば、最近、スマホの充電残量の減りが早い気がするの。

A 子さん：スマホのバッテリーの劣化って、普段の使い方次第で変わるのよ。

Q 子さん：使い方?

スマートフォンなどに使われているリチウムイオン電池は、満充電と空っぽを繰り返す使い方をすると劣化を早めます。また、満充電にして使わずに放置したままでも劣化を早めます。東日本大震災以降、防災のためにリチウムの定置型蓄電池が導入された公共施設もありますが、日常的に使っていないと、いざというときには動かないということになりかねません。

電動アシスト自転車の蓄電池を生かすアイデア

駅やスーパーの自転車置き場に行くと、保育園や幼稚園の送迎時に使われていそうな電動アシスト自転車をよく見かけます。

さて、この電動アシスト自転車のバッテリーの中の電気を、生活に使えるようにするユニークな商品があります。交流100Vコンセントと USBケーブルの差込口が付いている平たい箱で、その上に電動アシスト自転車の蓄電池をしっかりと設置します。この商品の販売会社の公式サイト（https://saibasi.com/）に電動アシスト自転車のメーカーとバッテリー容量の適合表があり使っている電動アシスト自転車にあうバッテリーを見つけることができます。価格は10,000～15,000円です。

ここで、価格について考えてみたいと思います。電動アシスト自転車の蓄電池の仕様を25.2V-12Ahと想定してみてみましょう。公式サイトによると、25.2V-12Ahの蓄電池に適合した商品の場合15,000円です。「定格出力250W、80Wの液晶テレビが約3時間使用可」と記載されているので、蓄電容量は240Wh（80W×3h）くらいと考えられます。一方、蓄電容量240～

300Whのポータブル蓄電池を購入するとしたら20,000円以上するでしょう。価格のみで比べると、電動アシスト自転車の蓄電池を活かす方が安いことになります。

このように、身の回りにある製品に付随するバッテリーを活用できる可能性があるかもしれません。

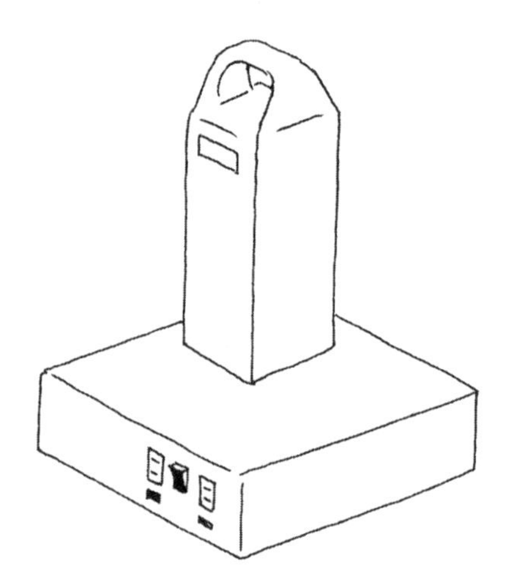

AC100Vコンセントと USBケーブルの差込口が付いていて電動アシスト自転車の蓄電池の設置場所がある

電動アシスト自転車のバッテリーがあれば、中の電気を取り出す方法があることがわかりました。しかも、15,000円を追加すれば250Whの電気を取り出せるシステムができます。また、ノートパソコンがあれば、追加費用なしでスマートフォンとＬＥＤ照明に給電できる蓄電池として利用できます。さらに、電子工作の知識と経験があれば、太陽光パネルの直流を電圧調整することで、電動アシスト自転車のバッテリーにつないで充電することもできますし、ノートパソコンのバッテリーにつないで充電することもできます。

このように現在は、様々な形の蓄電池が私たちの身近にあり、自分で電気をつくって使うことはそれほど難しくないのです。

自動車の蓄電池を生かす

近い将来、自動車が身近な蓄電池になりそうです。2021年１月18日、菅義偉首相（当時）は政策方針演説で「2035年までに新車販売で電動車100％を実現いたします」と宣言しましたが、電動車とは以下の４種類に分類されます。

●電気自動車（ＥＶ）：大容量バッテリーを搭載していて、燃料は電気のみ。

●外部充電機能がついたハイブリッド車（ＰＨＶ）：ガソリンエンジンとモーター・バッテリーを搭載しているほか、バッテリーへ外部から充電できる機能が付いている。燃料にはガソリンと電気を使用。

●ハイブリッド車（ＨＶ）：ガソリンエンジンとモーター・バッテリーを搭載していて、エンジンとモーターの両方で走行。燃料はガソリンのみ。

●燃料電池車（ＦＣＶ）：水素と酸素の化学反応によってつくられる電気で走行し、燃料は水素。

最近のＥＶやＰＨＶは、スマートフォンの充電だけではなく、もっと大きな消費電力（Ｗ）の電化製品にも使えます。一般的になりつつある仕様はＡＣ 100V出力1,500Wです。電化製品へ対応するための使い勝手も考えられ、メーカーや車種によっては、電化製品の電源プラグを差し込む口（コンセントか給電ソケット）が最初から車内についているタイプもあれば、オプションで付けられるタイプや、ＥＶの充電口に専用コネクターを接続し、そこから電化製品へ給電できるタイプもあります。

自動車と家との間で電気をやりとりする「Ｖ２Ｈ」（またはＶ to Ｈ、ＶはVehicle、ＨはHome）と呼ばれるシステムがあります。「Ｖ２Ｈ」は、太陽光発電した電気を自動車にためることもできます。ただし、自動車からの電気を部屋まで給電するための配線工事が必要で、それには費用がかかります。また、自動車で出かけているときには充放電できないことを考えると、効率的な運用はこれからなのかもしれません。

電動車には４種類あります。選ぶとしたら、どう選べばいいのでしょうか。燃料は電気だけでよいのか、ガソリンも併用したいのか、それぞれの事情があるでしょう。日常での使い方や遠出の頻度も判断材料になります。電動車の蓄電池の最大出力は、ほぼどの自動車も1,500Wなので、電気の取り出しやすさ、つまり電化製品の電源プラグをそのまま差し込めるかどうかなどを比べてみるという考え方もあるでしょう。

環境にもよく、電気の確保の心配も軽減される電動車の活用について、今から少しずつ考えておくのはいかがでしょうか。

災害にも強く地球温暖化対策も講じた　エネルギー社会の未来像について　田路和幸

2023年春、ウクライナ問題によりエネルギー価格の上昇が止まらない。一般市民は必要不可欠なエネルギーを安く使いたいという希望がある。これまでエネルギーの生活費に占める割合は低かったために「今月は電気代が高いとか安いとか」という程度であったと思う。しかし、豊かな生活をすればするほどエネルギー需要は大きくなるばかりである。このジレンマをどうにか解決したいものである。

さて、地球温暖化問題をきっかけに世界はCO_2削減のために再生可能エネルギーの導入を加速している。方や我が国はCO_2を出さないエネルギー源として原子力発電を捨てきれていない。エネルギーについては、「背に腹は代えられない」という言葉が当てはまるように思う。

これからのエネルギーの主流はCO_2を排出しない電気になるように思われる。石油や石炭を燃やして熱エネルギーとして利用する社会から熱も電気から作る社会に変わっていく。家庭でも太陽光発電の定置が義務づけられ、車はEVに変わって行く。しかたなく化石燃料を大量に消費する工場では、CO_2の回収と固定化が不可欠になる。このようなエネルギー転換が社会の中で進む中で、家庭での対応はどうすれば良いだろうか？

生活レベルを変えずに出来ることは省エネルギーである。本書では触れていないが、家屋の断熱性を高め空調の効率を上げるのが第一である。経済性を考えれば省エネ効果と電化製品の価格を見て、費用対効果の高い製品を購入する。具体的には、蛍光灯が切れた場合は、LED に変える。家電製品も年間の消費電力と価格のバランスの良いものを選択する。車はEV や燃料電池車が理想であるが、技術的な課題やインフラ整備の観点から現状では、費用対効果を考えるとハイブリッド車になると思う。当然、全世界の車会社は、脱ガソリンに向け舵を切っているのも間違いない。技術革新により 10 年後には、ガソリンを使わない車（EV や燃料電池自動車）が主流になっている可能性も大きい。車が電気自動車に代われば、廃車に伴う新たな環境問題として駆動用蓄電池（バッテリー）がゴミになる。蓄電池のリサイクルも検討されているが経済的に困難な状況である。また、リユース技術の開発もなされ、2 次利用によりリサイクルコストの低減を図る試みも始まっている。さらに、リユースの意義は資源循環をスムーズに行うだけでなく、我々の生活面での電気エネルギー利用の形を変える可能性がある。

車の蓄電池を利用することにより安価かつ高性能な定置用蓄電池が各家庭に定置されるようになれば、太陽光発電の地産地消により電力会社から電気を購入しなくても済む時代が来る可能性がある。まさに、エネルギーは自ら作り自ら使う時代が到来する可能性がある。このような環境が家庭に構築できれば、災害等で停電になっても生活の基盤であるエネルギー確保の心配が無くなる。また、各家庭で蓄えた電気エネルギーを電力会社の配電網を介して必要な時に必要なところに届けることもできる。そして、このような蓄電池が社会の至る所に配置された社会になれば、再生可能エネルギーが主電源になり地球温暖化問題も解決した持続可能な社会が訪れるように考える。

我々は、電力会社から交流で送られてくる電気を購入して使っている。

省エネ技術の基盤となるデジタルやインバーター技術の発展により我々の身の回りの電気で動く機器の多くは、機器内は直流の電気で動いている。また、太陽光発電、蓄電池、EV 車なども直流の電気を作ったり使ったりしている現代は、トーマス・エジソンが提案した直流電力を基本とする社会になっている。すなわち、ニコラス・テスラにより発明された交流電力は、現代社会にマッチしない電力となりつつある。1880 年代、電流方式を巡っての電流戦争があり、そのときは、ニコラス・テスラが勝利したが、**現代は、交流技術、直流技術も発展しているため、経済性や安全性を考慮しながら直流と交流を適者適応で使うのが良いと考える。どちらも電気には変わりがないので。**

電子回路のようなまちづくりが未来を変える

電子回路には様々な大きさの電気を貯めるコンデンサーが配置されています。このコンデンサーは、電子機器を安定に作動させるためには欠かせない部品です。街には電力会社からの配電網はありますが、このコンデンサーにあたるものが存在しません。そのため、電力会社が電力の配電を停止したり、あるいは電線が切れたりすると停電が起こります。

EV やプラグインハイブリッド車が普及し、かつそれらに使われていた蓄電池が再利用できるようになった場合、車の駆動用蓄電池が我々の町のコンデンサーの役割を担うことができると考えます。

コンデンサー

まちの概観

＜電子回路を街に見立てる＞

大小さまざまなコンデンサーを、住宅、学校、病院やオフィスビル等の建物に置き換えて、建物の中には。電気自動車の蓄電池や車載用蓄電池をリユースした Lib（リチウムイオン蓄電池）が入っていると考える。それらのリユースされた Lib が電気の " ため場 " となり､我々の街におけるコンデンサーの役割を果たすことがわかる。

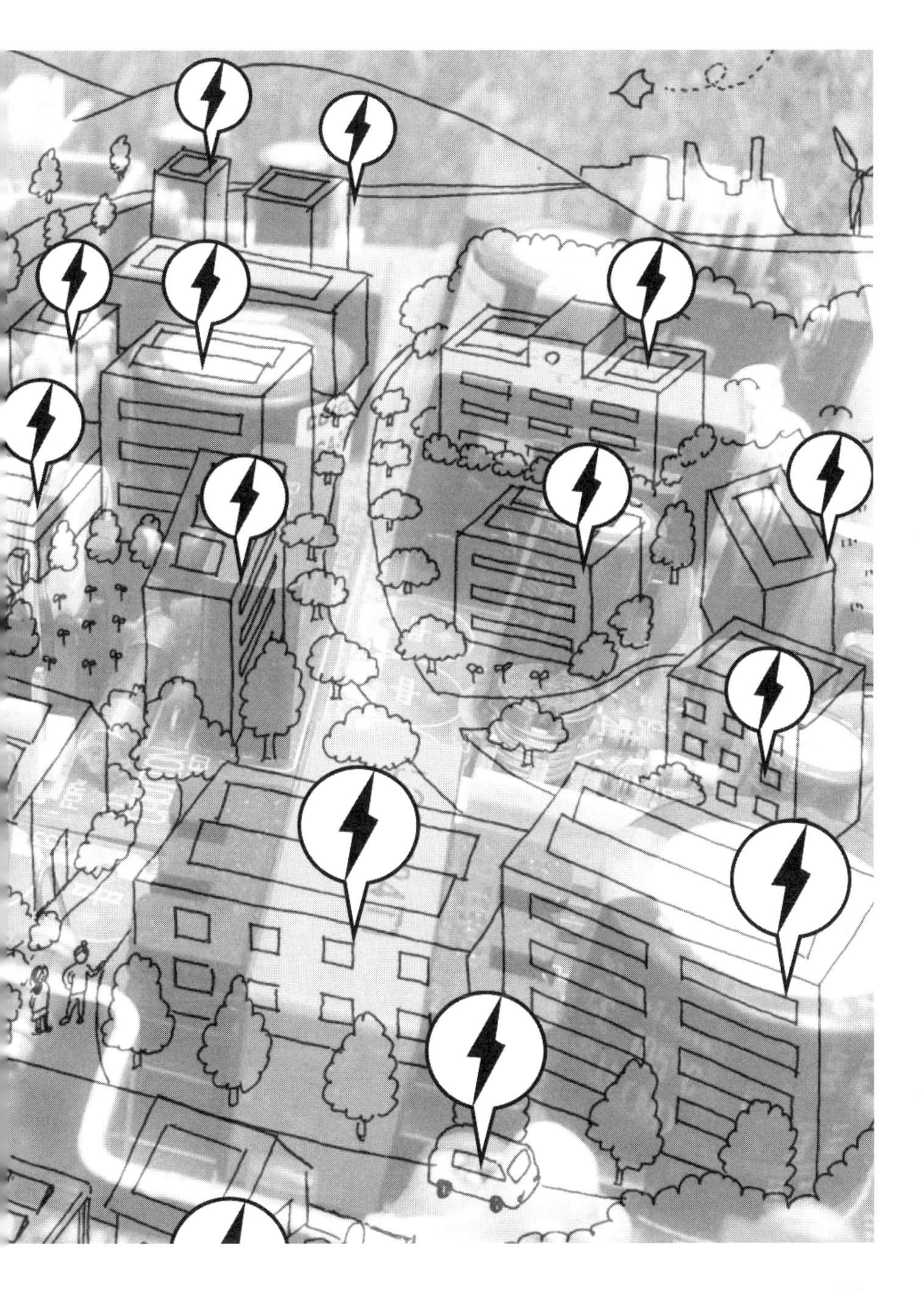

第6章

未来へのアプローチ

高性能かつ安価な蓄電池の普及に向けて

安価なリチウムイオン電池への試行

東日本大震災が起こる数年前から大容量蓄電池の実用化が始まったと思う。その頃、市販されている高容量リチウムイオン蓄電池（LiB）といえば、電動機付き自転車用の約100Wh程度の容量のものであった。特殊用途としては、JR東日本が回生エネルギーを使うために電車に搭載しているのを同社の新幹線車内誌『トランベール」の記事で読んだことがある。このころ、東北大学大学院環境科学研究科では、小さなエネルギーを大きくして使うために自己放電がなく、メモリー効果のないLiBに注目していた。メモリー効果とは、蓄電池の残量が残っている状態で容量の100%まで継ぎ足し充電をし蓄電池の電気を取り出すと、残量がまだあるはずの段階で電気が取り出せなくなる現象のことだ。このため、使える容量が減ってしまうことになる。そこで、2008年から2010年度の3年間、環境省の支援を受け、日産リーフ用に電池を供給する当時のNECトーキン（株）の蓄電池の開発グループやSONY（株）の定置用蓄電池開発グループとともに研究を開始した。そのために10kWhのLiBを用いた蓄電システムを東北大学環境科学研究科が所有する、地産の材木を利用し自然換気など環境に配慮した建築物「Ecollab」に設置した。多分、世界で初めてリチウムイオン電池を人間が生活する環境に導入した例だと思う。

設置から1年後の2011年3月11日に東日本大震災が起こった。その時「Ecollab」は、このLiBの蓄電システムという非常用電源設備を備えていたために、30名を超える学生や職員が避難所として利用することができたのである。

その後、復興支援のための「環境エネルギープロジェクト」を東北大学に設立し、被災地が掲げるスマートシティ化に必要な大型蓄電システムについて、2011 年 8 月からは経済産業省、2012 年からは文部科学省からそれぞれ助成を受けた。

これらを通して学んだことは、LiB のコストや再生可能エネルギーを自宅で消費するために必要な周辺機器などが高額のために、一般への普及は難しいということであった。そこで、（当時は）高額な蓄電池の価格を安くできないかと、数年間、模索している中、18 年から翌年8月まで国立研究開発法人新エネルギー・産業技術総合開発機構（NEDO）の支援を受けることになった。そこで電気自動車向けバッテリーの再利用に取り組む4R エナジー（株）から技術支援を受けながら、日産リーフのリユース LiB を活用した安価なシステムの開発を目指した。その後、野村総研と共同で、環境省からの支援を受け、かつ（株）本田技術研究所の技術支援を受けて、HONDA の FIT ハイブリッド車に使われている LiB を活用するシステムの開発にとりかかった。この両プロジェクトでは、安価な LiB を活用するという観点から、LiB は車載の状態で使うこととした。

このように、新品のセルを使った大型定置用蓄電池の開発から始め、中古の蓄電池も活用した。安価な蓄電システムを世に出したいと思い、約 10 年が経過した。それと並行して、世界ではEVの普及により LiB の価格がかなり下がり、様々な蓄電システムが販売され、EVとの連携、例えば、EVの蓄電池から電気を取り出して住宅で使えるような V to H などもできるようになった。しかし、家庭で使用するための蓄電システムとしては、設置工事を含めれば 100 万円以上必要なのが現状である。

蓄電システムは、再生可能エネルギーと組み合わせ、地球温暖化対策と災害時のエネルギー確保の切り札と考えられているが、まだまだ庶民からは遠い存在

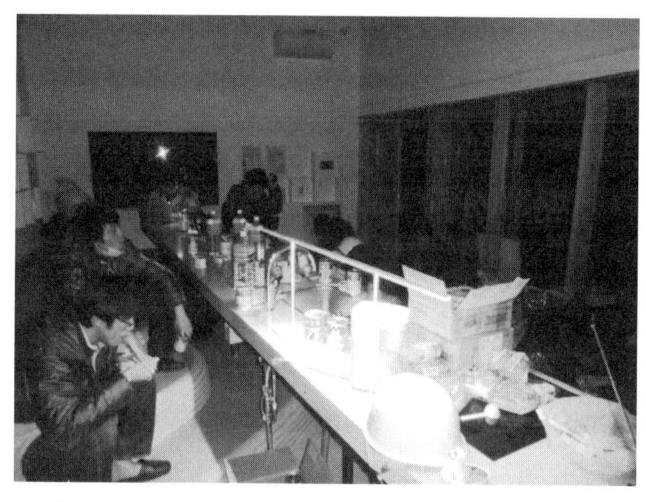

図1　東日本大震災の当日の夜。「Ecollab」内部の様子

のようだ。

そこで、廃車された日産リーフの駆動用 LiB の再利用の取り組みを例に、安価な蓄電システムを広く社会に普及するための考えを紹介しよう。

さまざまな LiB

一口に LiB といっても、その用途によっては仕様が全く異なると言える。100Wh 以下の低容量 LiB は、携帯電話やパソコンそして電動機付き自転車、工作機器などに普及し、身近な存在である。これらの LiB は用いる電圧が5V から高くても 30V 程度であり、高入出力を得ることができない。すなわち、家庭内で使うエアコンや電子レンジというような高出力家電を動かすことはできない。

現在市販されている 100 万円以上する蓄電システムに用いられている LiB は、出力と蓄電容量のバランスをとったものになっている。その指標には「Cレート（記

表１　Ｃレートと適合製品

Ｃレートと適合製品	
Ｃ　レート	適合機器
0.1-0.3	携帯電話
	パソコン
	電動工具を含む電化製品
0.5-1.0	固定用蓄電池
1.0-2.0	電気自動車（ＥＶ）
2.0- 以上	外部充電機能がついたハイブリッド車 (HEV/PHEV)

号：C)」という単位が用いられる。具体的に言えば、1Cの入出力は、蓄電池を満充電にするのに1時間かかり、満充電した電気を1時間で放出できることを意味する。よって、蓄電容量1k Whの蓄電池であれば、基本的には1kWの家電製品を約１時間動かすことができることになる。蓄電池の性能を見るときの第一の指標は、Ｃレートであると考える。蓄電池のもう一つの指標は、蓄電池の体積蓄電容量である。この体積蓄電容量が大きい場合は、蓄電できる容量が同じでも、よりコンパクトな蓄電池になる。近年の工作機器はLiBが用いられているが、一世代前は体積蓄電容量がLiBより小さいニッケル水素蓄電池が用いられていたために、大きなバッテリーが工作機器に付随していた。LiBでも、電極材料によって体積蓄電容量は異なるが、定置用蓄電池として利用するためにはさほど気にならない。このように、LiBは使用目的に応じて、Ｃレートと体積蓄電容量を加味しながら設計されている。そのため、LiBは、同じ名前だったとしても、メーカや用途によって全く異なる性能の電池であることを認識すべきである。大ま

かではあるが、表1に用途別にLiBのCレートをまとめた。

このCレートの表からわかるように、LiBは、それぞれの目的に合わせて設計され製作されていることがわかる。しかしながら、LiB製品を販売している企業は、LiBの製造企業からセルを購入し、製品化している場合がほとんどである。そのため、適切な蓄電池管理が行われていない場合もあるので注意が必要である。近年、LiBの発火等が報道されているが、その原因のほとんどは、LiBの管理システムに問題があると考える。

重要なLiB管理システム

LiBシステムは、ほとんど場合、乾電池と同様に小さなセルを直列と並列に組み合わせて、目的の蓄電容量のシステムを構成する。よって、蓄電容量が大きくなればなるほど、たくさんの電池セルを管理しなければならない。理想的には、全てのLiBセルは、いかなる使用条件においても同じ電圧と蓄電容量に保たれなければならないが、LiBセルの製造過程ならびにLiBシステムを構築するとき用いるエレクトロニクス部品、さらに経時によるLiBセルの劣化などにより、LiBセル電圧にばらつきが生じる。この問題を克服するために、LiBの管理システムは、使用時における安全性、LiBシステムの性能、そしてLiBの寿命などを決める最も重要な電子デバイスである。このことから、大手のLiB製造会社やLiBを搭載した車を製造する会社は、膨大な時間と費用を投入してLiB管理システムを開発している。事実、大容量かつ高出力LiBの国内における事故が報告されていないのは、LiBの実用化を先導した我が国のLiB製造会社の技術力の高さのおかげと言える。各社で開発されているLiBをつなぐだけでは安全なシステムは構築できない。それぞれの仕様が異なるからだ。LiBを導入するときは、安全性を担保できる管理システムの研究開発が不可欠と考える。

LiBと用いる負荷について

LiBの入出力特性はCレートで判断できることを前に解説したが、**実際の電化製品に使用するためには、個々の家電製品の「突入電流」のことを理解しておく必要がある。** 全ての家電製品は始動する際に、始動後の安定運転時に消費する電力より多くの電力が（短い時間ではあるが）必要で、それを突入電力と言う。LiBがこの突入電力を賄えない場合、LiBの電圧が降下し電化製品は動かない。つまり、Cレートをみる限りは、動くと思われるエアコンが動かないといった事態が生じる。一般的にこの問題を克服するためには、蓄電容量を大きくするかCレートの高いLiBを利用するしか方法はない。費用はかかるが、LiBと負荷の間に大きなコンデンサーもしくはキャパシターを入れることで対応している場合もある。突入電力の問題は、コンセントからの電気を使うといった系統電力を利用している場合には考える必要のない事項であるが、専門的な話になるがLiBシステムを検討するときには重要である。

定置用LiBシステムと車載用LiBシステムの違い

これまでLiBの使い方は、系統電力からの電気をため、その電気で機器を動かし、LiBが空になると再度、系統から電気をためるといった使い方がほとんどである。車載用 LiB システムでも同様で、系統から蓄電、もしくはブレーキを踏んだ時の回生エネルギーを蓄電し、自動車を加速させるときに LiB からの電力で駆動モーターを回すといった使い方である。つまり、LiB にためられた有限の電力のみを取り扱うシステムのため、電力の入力と出力は同じ端子を利用している。

さて、我々がビルや家庭に LiB を設置する場合、図2に示すように太陽光発電などの再生可能エネルギーと系統との両方から給電ができるように配線し、電力はいったん LiB にためられ、使用機器へ供給される。LiB はほとんどの場合、太陽光発電などの再生可能エネルギーと共に導入される。従って太陽光により絶えず作りだされる電力を LiB で安定化して利用する「エネルギーの地産地消」においては、電気は必ず LiB を経由し、供給されるようにしなければならない。そのために、LiB システムには、電力の LiB への入力端子と LiB からの出力端子を個々に設ける必要がある。これが、定置用 LiB と車載用 LiB システムの違いである。

なぜ廃車からの駆動用 LiB を利用するのか？

はじめに書いたように、数年前、LiB は、まだまだ高嶺の花であった。そこで、廃車からの LiB は十分定置用蓄電池として利用できる性能を維持しているため、リユースすることで安価に LiB システムが構築できると考えた。

リユース LiB を利用するメリットを表2にまとめる。

特に、中古 LiB であるため、経時変化により充電容量の劣化は否めない。しかしそこは考えようで、長期間利用しているため LiB およびそのシステムの初期故障を心配する必要がないというメリットがある。また、**車という人命を預かる機器に搭載されたLiBシステムの安全性は極めて高いと考えて良い**。すなわち、LiBシステムに用いられているLiB管理システムや電子デバイスの性能は極めて高いと言える。このことから、LiBセルのみに注目するのではなく、**車載LiBシステムに注目し、再利用するのが、最も高性能と高い安全性、低価格を実現する方法と考える**。しかし欠点にも書いたように、**自動車会社の技術協力は不可欠であり、このハードルはかなり高いかもしれない。**

よって、NEDOプロジェクトでは、LiBは、廃車になった日産リーフのLiBをパックのまま利用することにした。パック利用によって、前の節で書いたように、車載用LiBシステムに再生可能エネルギーで発電した電力のLiBへの入力口と再生可能エネルギーの出力口を加えることで、簡単に定置用LiBシステムを作られる。ここでは、日産リーフで使用されているLiB管理システムを利用できることが条件になるが、4Rエナジー社の技術協力があり実施できた。

これには利点がいくつもあった。4Rエナジー社から提供されるリーフのバッテリーパックは、寿命になったリーフの電池交換のために用意されているものであり、LiB性能が明確になっている。そして、セル性能においても電力の入出力がCレートで2C保証されていること、LiB管理システムも高性能である。廃車からの駆動用LiBシステムを可能な限り利用することにより、日産自動車の技術陣が築き上げた高いポテンシャルの製品を活用した定置用LiBシステムに生まれ変わると考えた。

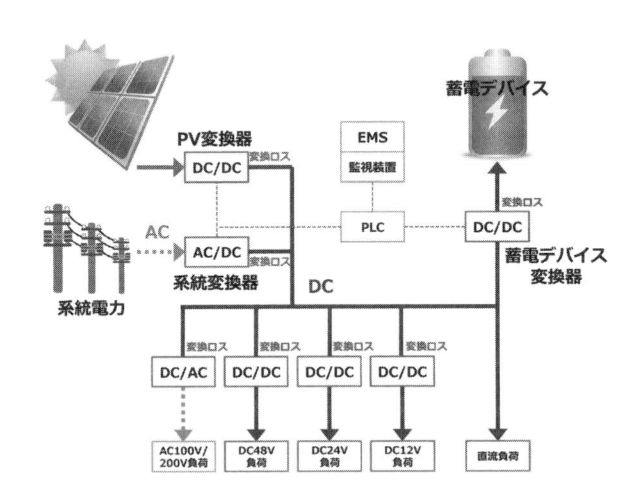

図２　一般的な直流給電システムの概念図

NEDO プロジェクトの概要と成果について

NEDO プロジェクトでは、廃車からの駆動用 LiB の性能を引き出すために、直流技術の構築も含めて研究開発と実証実験を実施した。

現在の太陽光発電システムは、交流に変換し、系統電力に流れていくとともに家庭のコンセントにも送られている。一方、LEDやパソコン等のデジタル家電、多くの一般家電製品は内蔵するインバーターにより系統からの交流を直流に変換して利用しているが、この交流（AC）−直流（DC）の変換過程で、10% 以上のエネルギーが変換ロスとして失われている。近年普及が拡大している電気自

表2　駆動用リユースLiBを利用する利点と欠点

利点	自動車会社の高いポテンシャルが活用できるため安価になる
	・自動車用バッテリーマネジメントシステムが付属している
	・電圧、電流測定用デバイスが付属している
	・高性能である
	・初期故障がない
	・耐久性がある
欠点	自動車会社の協力が不可欠
	バッテリーの経時変化
	形状が決まっている

動車や外部充電機能がついたハイブリッド車においても、エネルギー源である蓄電池は直流だが、これらの充電ステーションでは系統からの電気を使うためAC−DC変換ロスが発生している。このように交流が標準となって流通している現在の電力システムにおいては、使用する機器で頻繁にAC−DC変換が行われおり、そのエネルギー損失は決して少なくない。特に再生可能エネルギーによる発電では、このような損失で生じる無駄をなくしたエネルギー利用の高効率化は重要な課題となる。

そこで再生可能エネルギー発電の安定化と高効率化を目指し、先に示した図2のような直流給電と固定用LiBシステムを用いる方法が提案され、既に幾つもの実証試験が行われている。しかし、これらは技術的に実現可能であっても、直流利用のシステムの高価格、直流機器の未普及、さらに定置用LiBシステムの高価格、安全性の担保、さらに直流に対する経験不足など、いわば経済性及び社会システムとの連携の困難さが数多くあり、普及を妨げている。従って、直流を利用する再生可能エネルギー利用の普及のためには、①システムの低コスト化による経済性の担保、かつ既存交流機器の活用、②社会システムとの連携の安全な実現が必要不可欠になる。

以上のような現状を踏まえ、NEDOプロジェクトでは、太陽光発電電力を直流のまま地産地消する直交流ハイブリッド電力システムの技術を開発し、高効率な電力システムを既存の交流インフラで積極的に活用することで図3に示すような極小化したデバイス構成により低コストで実現することを目指した。

図4は、NEDOプロジェクト[1]に用いた廃車された日産リーフから外された駆動用LiBパックである。このシステムは、東北大学大学院環境科学研究科の「Ecollab」に設置し、実証実験を行った。

[1] ベンチャー企業等による新エネルギー技術革新支援事業
「太陽光発電電力を地産地消するための直交流ハイブリッド電力システムの技術開発」
https://www.nedo.go.jp/content/100882365.pdf

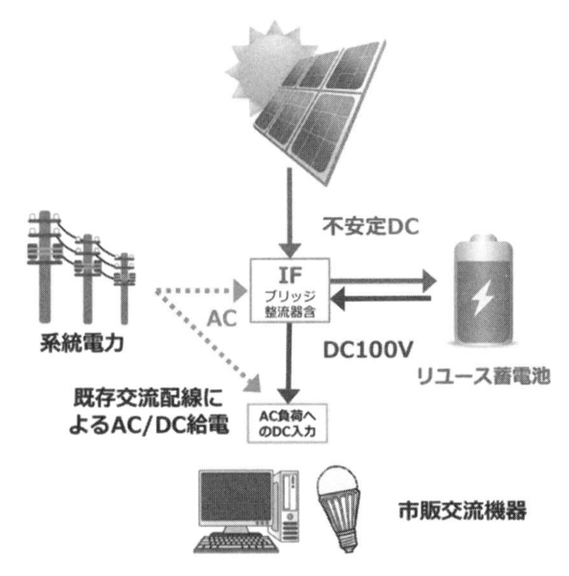

図3　AC/DC ハイブリッド電力システムの概念図

図4　日産リーフの LiB パック
（リユース品）

図5　「Ecollab」のエントランスロビー

第７章

リユース蓄電池を生かす「E-Pillar」開発プロジェクト

宮城の住宅メーカー（株）北洲は、宮城県富谷市の本社敷地内にある実験住宅「ベクサス」にて、宮城県の2022年度の補助金を活用し「E-Pillar」を開発した。

E-Pillarは、中古のHONDAのFITハイブリッド車に使われている駆動用LiBを活用した太陽光発電と組み合わせる蓄電システムである。中古の駆動用LiBを既存の住宅用の太陽光発電システムと接続することにより、家庭の電源から自動車へ充電するH2Vと逆に自動車の電力を家庭で利用するV2Hが可能となる。

また、（株）北洲の住宅事業における発想力と技術力を活かし、蓄電システム自体を住宅のエクステリアの一部である門柱（E-Pillar）に納めることにより、一見して電気設備と分かる箱型タイプとは一線を画す外観となる。

大手外資系メーカーの蓄電システムの中には、シンプルな薄型デザインで注目を集めている商品もあるが、蓄電システムの筐体自体のデザイン性や耐久性が開発要件に加わるとコストアップの要因となる。それに対して、門柱であるE-Pillarを住宅の南側に設置する場合、屋根の南側に設置される太陽光パネルとの配線距離が短くてすむという利点もある。筐体自体の外観を気にする必要がなければ、中古の車載LiBの部品を最大限リユースし、新たな部品の設計・製造にかかる開発コストを抑えることが可能となる。

本システムの基本となった環境省の「LiBスタビライザーの技術検証及び事業化検討事業」[1]では、太陽光で発電した直流電力を車載LiBを介して安定化させ、汎用コンバーター、インバーターで交流電力に変換し、負荷を制限したうえで電力供給する発電蓄電システムを開発した。中古の車載LiBを転用することにより大きなコスト削減になったが、購入すべき汎用機器は多かった。今回の

[1] 平成31年度省 CO_2 型リサイクル等設備技術実証事業
「LiB スタビライザーの技術検証及び事業化検討事業」
https://www.env.go.jp/content/900532514.pdf

E-Pillar 開発プロジェクトでは、（株）北洲が目指すビジネスとして成立する価格を満足させるため、さらなるコストダウンを目指した。そのカギとなったのが LiB のモジュールを直列や並列につなぎ変え、コンバーターやインバーターなどをできるだけ組み込まないよう工夫し必要な電圧をつくるというアイデアだ。

E-pillar 開発プロジェクトにおける課題とその解決方法について以下に示す。

HONDA の FIT ハイブリッド車に使われている駆動用 LiB を生かしたモジュールの組み換え

環境省プロジェクトで開発したシステムは、電化製品に給電可能な電圧に変換するための機器が必要であり、その購入費用が大きかった。また、電力の変換ロスも大きかった。そこで、HONDA の FIT に使われている駆動用 LiB のモジュール数を調整し、可能な限り変換ロスを無くすように組み換え、交流 100V または 200V 対応の電化製品に対応する最適な電池電圧をつくることとした。

HONDA の FIT に使われている駆動用 LiB は、12 セルから構成されたモ

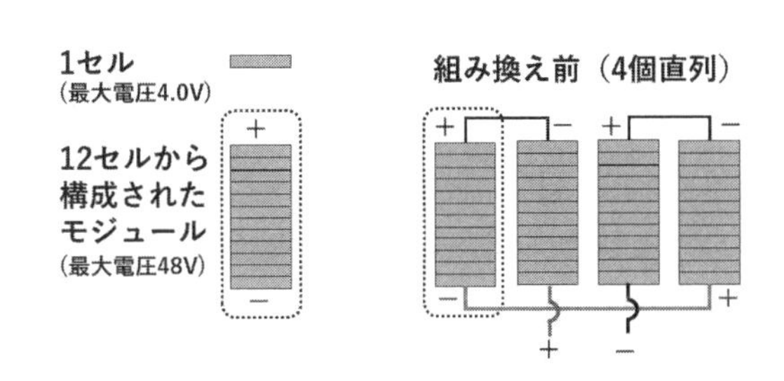

図１　12 セルから構成されたモジュール４個直列のイメージ

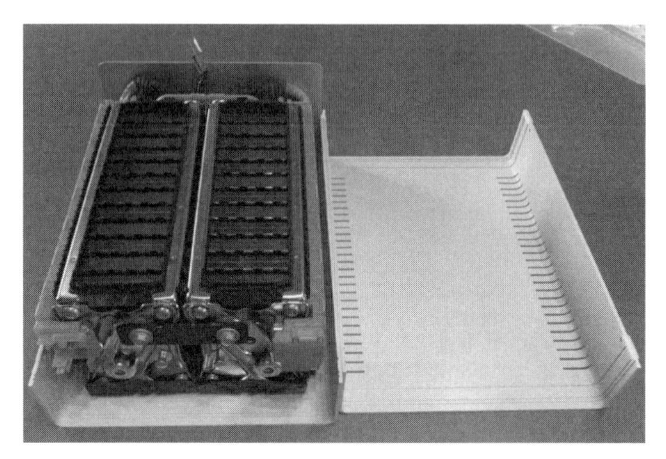

図２　12セルから構成されたモジュール２個

ジュールが4個直列になっている（図1）。

図３　144Vシステム（点線で囲まれた部分がモジュール）

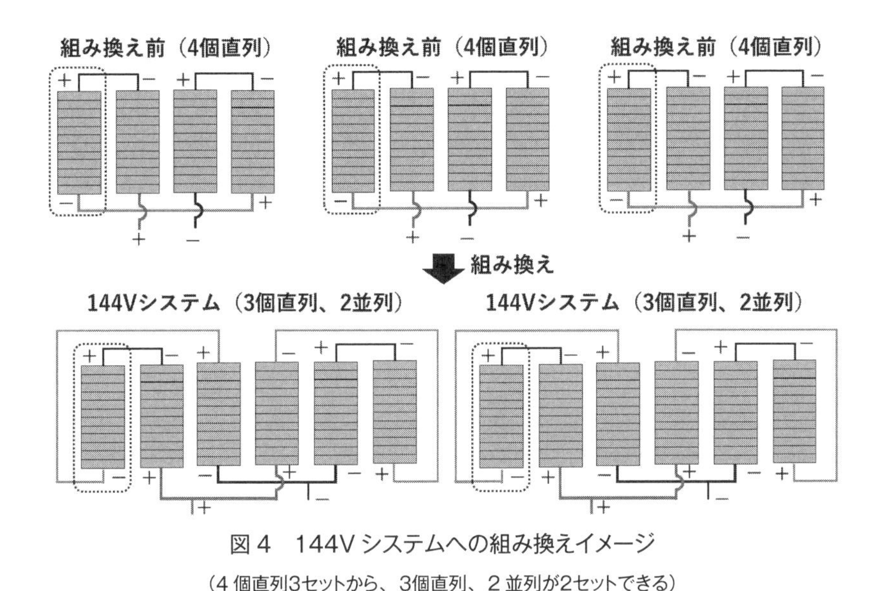

図４　144V システムへの組み換えイメージ
（4 個直列3セットから、3個直列、２並列が2セットできる）

そこで、交流 100V 電化製品に対応するため、12 セルから構成されたモジュールを3個直列にした最大電圧が 144V のシステムを開発した（図 3)。これは、100V 交流電力の最大電圧が 140V 程度になるためである。蓄電容量は 1.3kWh とした。

同様に、交流 200V 電化製品に対応するため、12 セルから構成されたモジュールを6個直列にした最大電圧が 288V のシステムを開発した（図 5)。これは、200V 交流電力の場合、最大電圧が 280V 程度になるためである。蓄電容量は、144V システムと同様 1.3kWh とした。

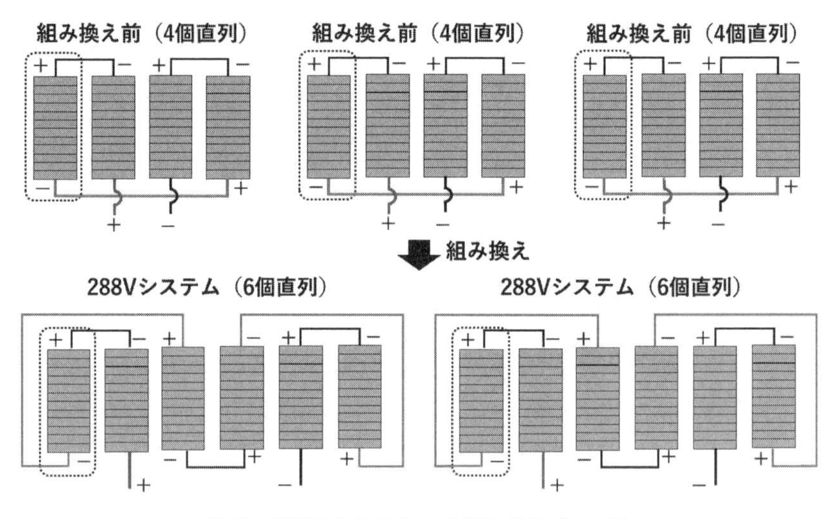

図 5：288V システムへの組み換えイメージ

（4 個直列3セットから、6 個直列が2セットできる）

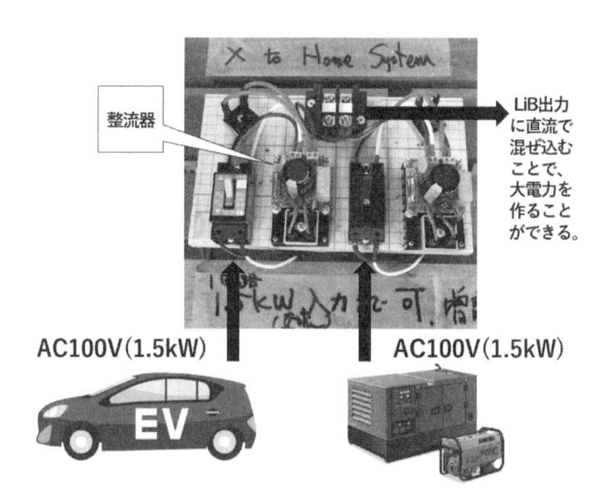

図６　整流器

V2H および H2V が機能するための格安インターフェースの開発

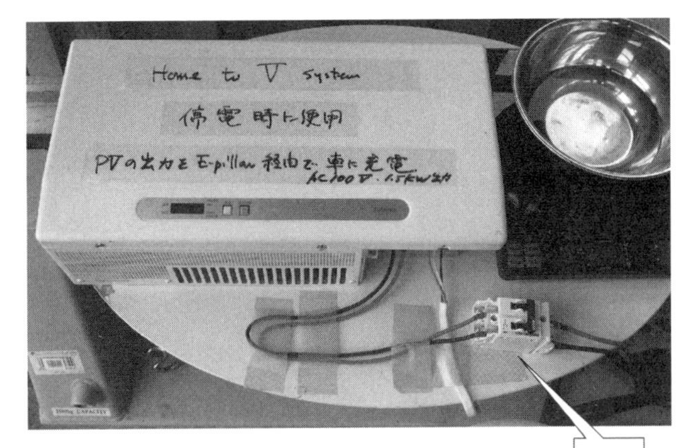

図７　切替器を使い、PCS の PV 入力と蓄電池入力を切り替える

V2H 機能は、電動車に常設される AC100V コンセントからの電力を、屋内で利用できるよう汎用の整流器を利用して直流化し、E-Pillar を介して PCS（パワーコンディショナ）に送ることとした。一方、H2V 機能は、太陽光発電の電力を E-Pillar を介して、EV に直接充電することとした。太陽光発電が不足している場合は、蓄電池に貯められた電力および系統電力から補い、充電する（系統から EV への充電も可能。その場合は、3.0kW で充電）。

図６の整流器を用いて交流 100V および交流 200V を整流することにより、綺麗な直流が得られ、E-Pillar の充電器の出力に混ぜ込むことで V2H が完成する。

H2V は、図７のように PCS の PV 入力に E-Pillar の出力をつなぎ、自立コンセントに EV 充電器を接続することにより、1.5kW で EV を充電することができる。また、EV の代わりに電化製品をつなぐことも可能だ。さらに、直流入力可能な

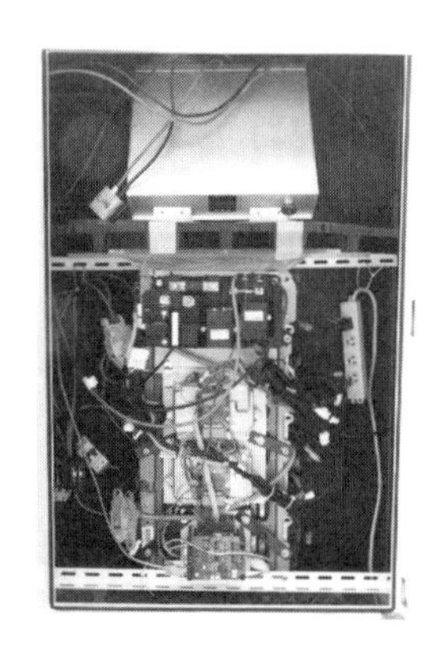

図８　設置されたE-Pillarの外観（写真左、中央）とE-Pillarの内部（写真右）
E-Pillarの内部には、上段にシステムコントローラー、下段に144Vシステムが納められている。

デジタル家電には、E-Pillarから直流給電でき電力の利用効率は10%程度向上する。そのため、停電時は、切替器を用いて手動でPV入力をE-Pillarの蓄電池出力に変更する。

蓄電システムを納めるための門柱の設計

門柱の内部に蓄電池を設置するよう設計し、外観は門柱である。（株）北洲の設計技術を生かして密閉性を高め、防水や粉塵など自然環境の課題を克服する設計とした。また蓄電池の設置や配線の作業性を考慮し、開口部分は扉とし開閉可能になっている。外観が門柱のため蓄電池に見えないうえ、蓄電池の設置場所をほかに確保する必要がなく、省スペースを図ることができる。

E-Pillar の主な使い方　田路和幸

Epillar には以下のような使い方が想定される。

①太陽光発電で発電した電力を E-Pillar を介して EV に給電（H2V）

② EV に蓄えられた電力を E-Pillar を介して家電に放電して活用（V2H）

③平時には太陽光発電で発電した電力を E-Pillar に蓄電することも可能

④非常時には太陽光発電で発電した電力を E-Pillar を介することで安定的に住宅内へ供給

それぞれの電気の流れについて、みてみる。

①　太陽光発電で発電した電力を E-Pillar を介して EV に給電（H2V）

E-pillar から H2V の電気は以下のように流れる。

1. 太陽光パネルから E-Pillar へ直流で流れる。
2. E-Pillar から PCS（パワーコンディショナー）へ直流で流れる。
3. PCS の自立コンセントから EV へ交流電流で流れる。

E-pillar の特徴を、ここで説明する。

1. 太陽光パネルから E-Pillar を介して PCS（パワーコンディショナー）

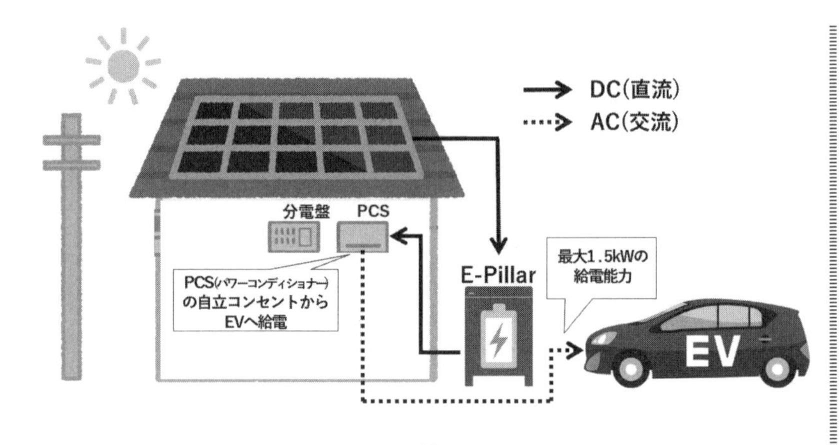

EV への給電

へ電流が流れるようにすることで、安定した電力を供給することが可能である。すなわち、太陽光発電が不十分なとき、必要な電力を E-Pillar が補うため、常に安定した電流が PCS の自立コンセントから供給される。

2. PCS の自立コンセントを利用することで、変換デバイスが必要なくなり、太陽光発電の高効率利用と低コスト化が可能になる。

3. 既存の太陽光発電設備に付加するだけで H2V が実現する。

4. 直流と交流の変換は PCS で行う。EV へ普通充電する際は、交流電流が必要となるため PCS で直流電流を交流電流へ変換し自立コンセントから EV へ流すことにより、汎用性の高い非常時の EV 充電器として利用できる。

5. 充電速度は、1.5kW に制限されるが、力率は、98% と良好である。

※直流で EV に充電するには急速充電の規格である CHAdeMO 認証

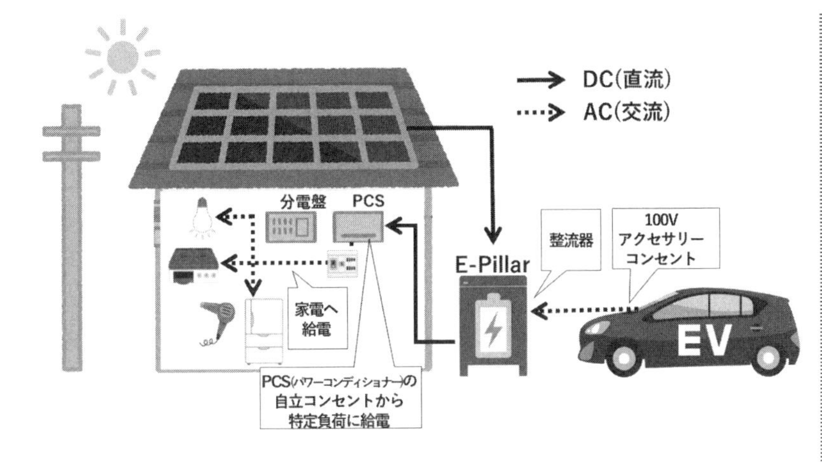

EV からの放電

が必要なため、E-Pillar では交流を使用する。

②　EV に蓄えられた電力を E-Pillar を介して家電に放電して活用（V2H）

E-pillar から V2H の電気は以下のように流れる。

1. EV の 100V アクセサリーコンセントからの電力を整流器で直流に変換し、E-Pillar からの直流で接続箱を用いて混ぜ込む。100V アクセサリーコンセントは、近年、多くの車に標準装備されるようになっている。

2. 電力は、電圧の高い順に消費されるため、最も電圧の高い太陽光発電の電力、次に高い EV や発電機からの電力が利用され、最後に蓄電池の電力が消費される。

3. E-Pillar の設置により色々な交流電源からの電力が利用可能になる。

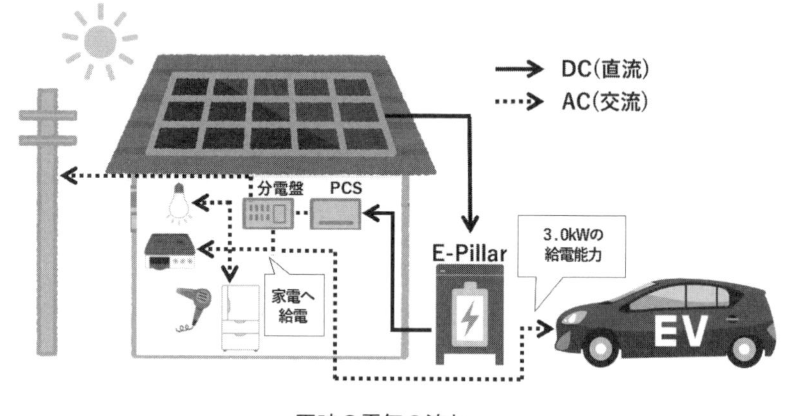

平時の電気の流れ

4. 小さな電力をE-Pillarで集めて大きな電力として利用が可能になる。

V2Hモードの場合は次のような特徴がある。

1. EVに搭載されている100Vアクセサリーコンセントを活用するため、通常は最大出力1.5kWhに制限される。しかし、E-Pillarが電力を補うことができるため最大出力を増大させることが可能である。

2. 直流給電を基本とし、直流対応でない電化製品は、PCSの自立コンセントからの交流電力を利用する。

③　平時の太陽光発電で発電した電気をE-Pillarに蓄電することも可能

通常時は、以下のように電気は流れる。

1. 太陽光パネルからE-Pillarへ直流電流を流す。

2. E-Pillar から PCS へ直流電流を流す。

3. PCS から分電盤、そして各家電（負荷）へ交流電流を流す。

この場合の特徴は次のようになる。

E-Pillar の低コスト化を実現するために作業工程数や材料費を抑えながら確保した蓄電容量は 1.3kWh となった。平時の太陽光発電の電力は E-Pillar に設置した蓄電池を満充電し、余剰電力がでてくる。この余剰電力は、通常の系統連系で利用する。太陽光発電の余剰電力は EV への充電に使えるので、EV へ充電する場合、一般的な普通充電（3kW）では電力を余らせることはなくなる。なお蓄電池の増設により蓄電容量を増やすことは可能である。

④　非常時には太陽光発電で発電した電力を E-Pillar を介することで安定的に住宅内へ供給

非常時には電気の流れは次のようになる。

1. 太陽光パネルから E-Pillar へ直流電流を流す。

2. E-Pillar から PCS へ直流電流を流す。

3. PCS の自立コンセントから特定負荷用分電盤を介して各家電（負荷）へ交流電流を流す。

4. 直流対応可能な家電（LED 照明、液晶 TV、携帯電話、パソコンなど）へは、直流給電を行う。

この場合の特徴は次のようになる。

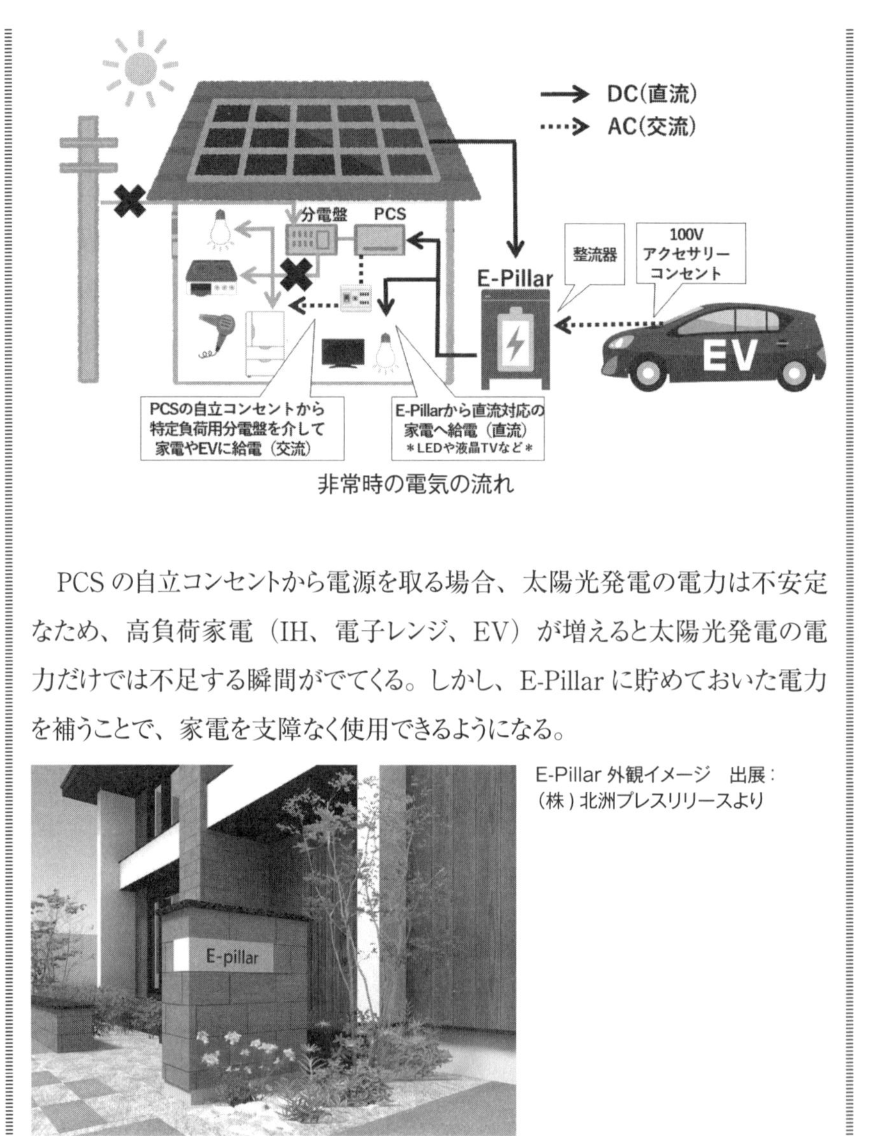

非常時の電気の流れ

PCS の自立コンセントから電源を取る場合、太陽光発電の電力は不安定なため、高負荷家電（IH、電子レンジ、EV）が増えると太陽光発電の電力だけでは不足する瞬間がでてくる。しかし、E-Pillar に貯めておいた電力を補うことで、家電を支障なく使用できるようになる。

E-Pillar 外観イメージ　出展：（株）北洲プレスリリースより

【これからのエネルギーに関する私論】　田路和幸

我々は、地球にある資源を様々な形に変えて利用している。資源をもう少しミクロな目でみてみると地球にある元素の集合体である。この元素には、元素番号1の水素（H）から103番のローレンシウムまでの種類があるが、その埋蔵量は元素により異なる。この中で、地球に存在する元素のトップ10を上げると下の表のようになる。

地球の構成元素

	元素	クラーク数（%）	元素		クラーク数（%）
1	酸素	49.5	6	ナトリウム	2.63
2	ケイ素	25.8	7	カリウム	2.4
3	アルミニウム	7.56	8	マグネシウム	1.93
4	鉄	4.7	9	水素	0.83
5	カルシウム	3.39	10	チタン	0.46

炭素は14番（0.08%）、硫黄は15番（0.06%）、窒素は16番（0.03%）
*クラーク数：地球上の地表付近に存在する元素の割合を質量パーセント濃度で表したもの

この表で示す元素は、自然界ではほとんどが化合物として存在している。水は水素と酸素の化合物であり、鉄も酸素や硫黄の化合物として存在する。砂は、ケイ素と酸素の化合物である。石灰石は、カルシウム、炭素、酸素の化合物である。元素が化合するのは、化合した方が物質として安定するためである。

さて、このような資源から我々が生活に必要な物質として使えるようにするためには、エネルギーを加え“操作”する必要がある。鉄を例にとると、鉄と酸素や硫黄の化合物である鉄酸化物や鉄硫化物を還元して金属鉄にするためには、エネルギーと炭素を加えて還元する。よって、金属鉄は、酸化物や硫化物に比べ多くのエネルギーを蓄えた状態、もしくは不安定な状態と言える。よって、鉄がさびて酸化鉄に戻る減少は、徐々にエネルギーを放出して安定な酸化物に戻る過程である。このように、物質をエネルギーという観点からとらえると新しいエネルギーの利用方法やエネルギーを無駄にしない物質の使い方が見えてくる。

教科書で習う「還元」という過程は、エネルギーを物質が吸収して不安定になる過程ともいえるし、エネルギーを蓄えた状態と考えても良い。それに対して、酸化は、物質がエネルギーを放出して安定な物質に変わる過程と考えられる。近年、クリーンな自動車として注目されている燃料電池自動車は、水素と酸素が反応する過程を利用している。すなわち、水素を酸化させてエネルギーを取り出して自動車を動かしている。その時に出来るものは水である。では、燃料電池車のエネルギー源の水素は、化石燃料や再生可能エネルギーを利用して水を電気分解して作る。つまり、水を還元して水素や酸素を作っているわけである。このことからも、水素や酸素は水に比べればエネルギーを蓄えた状態と言える。

我々が使えるエネルギー

エネルギーは、形が無いものであるが、その大きさは、エネルギーを取り出すときに用いる物質に依存する。また、エネルギーの歴史を振り返ると薪を燃やすことから始まり、その次にエネルギー密度の高い石炭を発見し、さらに様々な利用価値の高い石油の発見、そしてアインシュタインの $E= mc^2$ という核分裂反応、すなわち、質量がエネルギーに代わるときに出る核エネルギーが着目された。そして、発電についてみてみると、山に降った雨水を利用した水力発電、海と陸の温度差や気圧差で生じる風を利用した風力発電、地球が生まれた時のエネルギーが残った地熱エネルギー、地球外のエネルギーである太陽光など人類は科学技術の進歩とともに色々なエネルギーの活用を考え出した。これらの科学技術はすべて人類へ幸福をもたらそうという思いから考え出されたが、人類はそれらを完全にコントロールできていない。特に、集中して大きなエネルギーを作り出す原子力発電においては、チェルノブイリ原発事故のような人的ミスや東日本大震災のような自然災害により生じた事故は、人類存続の危機とも思える事態を招いてしまう。また、簡単に安価に得られる化石エネルギーは、知らず知らずのうちに地球温暖化という人類の危機を招いている。再生可能エネルギーの一つであるダムを利用した水力発電は、生態系を乱すようなことも報告されている。さらに、太陽光発電や風力発電なども設置場所を間違えれば、太陽光発電パネルの蓄熱や反射光、さらに風力発電に伴う騒音の問題など、住民の暮らしに影響する例もある。このように、**エネルギーを作り出す際には、メリットとデメリットを深く慎重に考える必要がある。どのような方法であっても経済性を考え大規模かつ大量に作るときに生じている**。人類の生活の豊かさ、便利さを追求する一つの方法が、資源やエネルギーの大量消費であった。産業革命に始まり現在に至るまで、資源とエネルギーの消費は美徳であり、経済を発展させ、人類の生活を豊かにすると考えられてきた。しかし、産業革命から200年以上がたち、今、人類は、地球温暖化という環境問題を抱えるようになった。ここで、**我々は持続可能な社会を構築するために、資源とエネルギーの使い方を変化させることが必要である。**しかしながら、経済性を優先する社会から中々抜け出せないのも事実である。そのため、化石燃料の消費を減らすためのハイブリッド自動車や電気自動車の普及、プラスチックの消費削減、太陽光発電や風力発電の大量導入など試みられているが、経済性を考えると一般家庭まで普及が進まないのが現状と思われる。

我が国においては、東日本大震災の後、再生可能エネルギーを定額で一定期間買い取る制度により、太陽光発電システムを導入する家庭が増大したが、買取価格の減額により現在では太陽光発電を設置する家庭が急激に減少している。このことから考えると再生可能エネルギーを広く市民に普及させるためには、経済的メリットのみならず、市民が導入したいというインセンティブを示す必要があると考える。

本書は、市民が導入したいと思うようなインセンティブの一助として、災害時のエネルギー確保を簡単に行える方法を具体的に提案している。また、エネルギーに関する知識を持ってもらい、エネルギーを効率良く使う方法や少ない投資で自分でエネルギーを作り、それを使うことで省エネマインドと比較的短い時間でエネルギー投資を回収する方法も提案している。また、小さくてもエネルギーを作れるシステムを持つことが、災害時のスマホやパソコン、テレビや冷蔵庫に使用する電気エネルギーの確保につながり、安心と安全な生活を作る出すことも示している。

当然、本書に書かれている技術では、生活に必要な数%程度の電気エネルギーしか賄うことができないが、電気エネルギーの地産地消という考えを身に着けるためには十分と考える。当然、持続発展可能な社会を構築するための技術開発が今後行われるため、本書の読者は、その技術を自分のライフスタイルに合った形でうまく取り込むことが出来るものと考える。EV をうまく生活の中に取り込むのも一考である。**あくまでも本書に書かれた技術は入門的なエネルギーの使い方を示しているにすぎないが、読者の方の知恵により、さらに賢くエネルギーを利用いただき、地球温暖化という人類の難問の解決にご参加いただければと考える。**

田路和幸（とうじ　かずゆき）
1953年兵庫県生まれ。理学博士、東北大学名誉教授。ナノ素材とそのエネルギーデバイスへの応用に関する研究により2008年に文部科学大臣表彰 科学技術賞。2010年度から4年間、東北大学大学院環境科学研究科長。「微弱エネルギー蓄電型エコハウスに関する省エネ技術開発（環境省）」「スマートビルDC/ACハイブリッド制御システム開発・実証（経済産業省）」「東北復興次世代エネルギー研究開発プロジェクト（文部科学省）」などエネルギー関連の研究開発プロジェクトのリーダーを務める。2022年～企業と伴にハイブリッド（HV）並びに電気自動車（EV）に搭載されていた中古の車載リチウムイオン電池を活用した太陽光発電蓄電システムを開発、実証実験を進めている。

早川昌子（はやかわ　まさこ）
1975年福岡県生まれ。環境活動ライター、宮城県地球温暖化防止活動推進員、環境省認定うちエコ診断士。1993年京都工芸繊維大学卒、1997～2008年コクヨ株式会社。2009年より東北大学の産学連携コーディネーターを経て、2011～2021年同大学にて環境エネルギー分野における研究開発プロジェクトの事務や研究補助などに従事。2022年より環境NGO勤務。
2018年より親子向けの太陽光発電システムのDIY講座や大人向けの節電講座等の講師を務め市民活動にも取り組む。2021年12月～2023年7月 株式会社博報堂が運営する「UNIVERSITY of CREATIVITY」にて「サスデイラボ」というチーム名で連載。

エネルギー使いの主人公になる2

電気のレシピ——電気を知って電気をつくる——

2024年3月1日　初版発行

著者／田路和幸　早川昌子

発行人／岸上祐子

発行所／株式会社　海象社

〒103-0016　東京都中央区日本橋小網町8-2

TEL：03-6403-0902　FAX：03-6868-4061

https://www.kaizosha.co.jp/

振替　00170-1-90145

カバー・本文デザイン／㈱クリエイティブ・コンセプト

印刷／モリモト印刷株式会社

ISBN978-4-907717-66-7　C0336